追いつめられた進化論

実験進化学の最前線

西原克成

日本教文社

序論〜ダーウィニズムを追いつめる

本書は、ダーウィニズムを否定するとともに、進化の謎を実験進化学的手法によって解明しながら検証し、正しく解説したものである。『ダーウィンの時代―科学と宗教』（松永俊男著）によると、ダーウィンが、一八五九年に「自然選択、あるいは生存闘争における有利な品種の保存による種の起源」いわゆる『種の起源』を出版してから、一〇〇年が経った一九五九年を境に、ダーウィン研究の質と量が格段に発展し、それらの研究結果から、ダーウィンの進化論は自然神学に立脚している観念論であり、サイエンスではなかったという結論に達している。

マックス・プランク研究所長のヨアヒム・イクースなども「ダーウィニズムはとうの昔に死亡している。現代の悲劇は、大多数の生物学者がこのことを認めようとしないことに尽きる」と述べている（『進化論の基盤を問う』ローベルト・シュペーマン、R・レーヴ著）。

わたしの専門は、臨床医学のうち口腔科医である。口腔（顔と頭）は、後に述べるように、進化を遡ると生命の源の器官にあたり、人間にあっては命を代表する器官である。臨床のかたわら、独自の実験と研究をつづけるうち、動物の進化の起こる原因が明らかになってきた。脊椎動物の進化は、重力作用をはじめとする様々な力学刺激に対する、生命体の生体力学的な対応で起こるものであるという確信だった。そこでつぎのような作業仮説を作った。

「陸上では、重力が水中のほぼ六倍になる。上陸した生命は、空気に慣れないためにのたうち廻ると血圧が上昇する。この上昇で、流動電位が上がり、それにより造血細胞と造骨細胞が、未分化間葉細胞の遺伝子発現によって誘導される」

この仮説を進めて、造血と共役した造骨は、骨格系で生ずる生体電流（一〇マイクロアンペア）で発生するはずと考えた。実験をしてみると、これらの高次機能細胞が、哺乳動物のみならず、造血をする骨髄をもたない原始脊椎動物のサメの筋肉内に電流を流しても、みごとに誘導されたのである。重力とはエネルギーの一種である。

進化の研究には、系統発生学と個体発生学の二種類があり、これらの深い相関性を、ヘッケルが「生命発生原則（生命反復学説）」として示している。個体発生学とは、胎生学のことで、胎児の形の変化を研究する学問である。この研究で、歯と眼の発生を比較すると、ともに脳や皮膚と由来が同じ「外胚葉」でできており、眼が光に対応し、歯は力学刺激の衝突に対応しているのに、二つの構造が完璧に同じであることが明らかとなった。

つまり生体組織の細胞は、光（電磁波）も力学刺激（引力）も、ともに等価として対応したのである。これらのエネルギーへの生命体の対応は、後に述べるラマルクの用不用の法則に則っている。「生命発生原則」も「用不用の法則」もともに、今では分子生物学によって説明が可能となった。

本書は、人類が一五〇年間も慣れ親しんだ「適者生存・自然淘汰・突然変異による進化」を全くの誤解として排するものである。進化論は、生存できた生物を「適者」と思い込もうとしている目的論的な考え方の一つである。神という言葉が「自然」という言葉に置き替わっている。

さて、本書が説く進化のメカニズムは、極めて単純である。すなわち「永続的に、身体の使い方を変えると、その変化に従って形が変化する。この『身体の使い方』という『ソフトの情報系』さえ、何らかのかたちで次代に伝えられれば、形の変形は同じ遺伝形質のまま伝えられるのである」

一方、生殖細胞には、一定の期間に一定の割合で突然変異が発生するから、行動様式を変えて形が変化すると、それを後追いして遺伝子が少しずつ変化する。これが分子進化である。進化というより変化であり、これ自体は形の変化とは無縁のものである。

身体の形は、同じ遺伝形質のまま、身体の使い方一つで変化する。誰でもテニスをすれば片腕が伸びるし、四、五時間そばをこねれば、一定期間後に腕の骨が太く短かく彎曲し、こぶ状の隆起ができる。この変形は、骨の機能適応の「ウォルフの法則」に従う。こうして考えると、ウォルフの法則は、ラマルクの用不用の法則の、骨の形にのみ着目した部分的な法則である。

分類学を完成させて脊椎動物を独立門とし、哺乳動物綱を類別したリンネや、ヘッケル、ルー、ヘルムホルツ、ヤング（ヤング率で有名）等は、みな臨床医家の出身である。臨床医を真剣につづけていると、ものの本質がよく解るようになる。臨床家ではなかったが、ラマルクもゲーテ（形態学の創始者）も医学を深く学んでいる。

しかしダーウィンは、祖父と父親が名医であったにもかかわらず、解剖学があまりに野蛮だという理由で、エジンバラ大学医学部を早々にやめて、神父になるべくケンブリッジ大学神学部広教学派に所属した。陶器工場ウェッジウッドの莫大な遺産をうけつぎ、医師として家業を継ぐ必要がなくなったためだという。

しかしこの解剖学の欠落のために、「進化論」が学問的な裏づけの欠落したものとなってしまったことを、誰よりも承知していたのがダーウィン本人であった。当時、形態学を創始したゲーテと、進化の学問を創始したラマルクは、ともに自然観察に基づいて、脊椎動物の謎を解くべく、形態変容の法則性の解明の手法を明確に示している。

自然観察とはこの場合、人体解剖学（個体発生学）と比較解剖学、つまり系統的動物解剖学である。ラマルクは、用不用の法則を提示した時、「この法則は絶対不変であり、これを否定できる者は、みずから自然観察を行ったことのない者だけである」と明言している。ここにダーウィンが、生涯にわたってパニック症候群になっておののいていた理由がひそんでいるのである。もしラマルクが生きていれば、とがめられることが解っていたのである。

解剖学（自然科学）を行ったことのない彼が、ラマルクとは別の自然神学に基づいた進化の空論を、こうして大々的に提唱したのである。もしダーウィンが、医学教育を無事に習得して、すぐれた臨床医となって博物学でなくて動物学を研究していたら、ゲーテの形態学とラマルクの進化学を発展させることができたのかも知れない。

彼より五〇年も前に、ゲーテはヒトの成体には見られない顎間骨が、サル以下の哺乳動物のすべてに存在することを知り、ヒトでは胎児にのみ存在していてこれが、成長すると癒合して一体となることを検証した。ゲーテやラマルクは、ヒトが哺乳動物の一員であって、本当に原始の生命から「形が変容して」今日の犬や猫や狐やヒトとなったと確信していたのである。われわれが共通の祖先から発したものであり、この共通の祖先を原形(Urbild)とよんでいる。

当時、遺伝子という言葉も遺伝学という学問もなかったが、ゲーテとラマルクの言葉を今風に翻訳すれば、「遺伝形態は同じままで、身体の使い方に従って、用不用の法則に則って形態が変容する」ということである。

昔のすぐれた臨床医は、千変万化する身体の病変を診て、思いをめぐらして何が原因なのかを察知する。これが診察である。

もし医者が個体発生学と系統発生学を熟知していれば、思いもよらない器官同士の間に、キュヴィエのいう「臓器の相関性」が密接に存在することがわかるだろう。わたしも、人工骨髄の開発研究を行ってきた結果、免疫システムと、免疫病の発症の原因が明らかとなってきたので、その治療法を研究してきた。近年その治療法を数冊の本にまとめて出版したところ、思いもよらない難病、奇病の患者さんがわたしのところに外来診療を受診してこられた。しかしほとんどの場合、問診と視診と触診だけで、これらの難病、奇病の原因が判る。本書では第四章に、臨床における実例を紹介している。

ダーウィンの信奉者は、ヒトが地球上で最も「適者」だと思っている。適者生存の思想など妄想にすぎないことが解らない。聖職者であるダーウィンの信奉した自然神学（自然実験）とは、キリスト教の神という文字を自然という言葉に置き替えただけのもので、西欧の一九世紀のサイエンスの博物学のコモンセンスがこれだった。誰が適者か不適者かを決めるのかといえば、神様がこれを決めるということである。しかし本当に神様が決めるのならいいが、神のような西欧人が、人類を代表して決めたりした。

人体は四〇〇〜六〇〇万年前頃から言葉を使い、直立二足歩行をするようになり、体中の骨格のみならず、すべての器官が力学対応して、猿人の型からヒトの型へと変化した。その変化の仕方は、もちろんウォルフの法則に従っている。哺乳動物の特徴は、鼻と気管が、どんな時でもつながっていることである。だから呼吸をしながら、食べ物を嚥み込むことができる。人間のように、喉に餅がつかえたり、むせることはない。

ヒトは言葉を使うようになり、口で呼吸ができるようになった。気道と食道がこれで交差した。だからむせる。口呼吸では鼻も喉も駄目になる。免疫の要であるワルダイエル扁桃リンパ輪は、古代魚の第二鰓腺の造血器に由来するが、ヒトだけが立派に発達していて、他の哺乳類は、痕跡程度でその存在が確認できない。

直立二足歩行のため、人類は哺乳動物の掟である「成長完了期内の五倍の寿命」を全うすることができない。ヒトは二四歳で生長を終えるが、せいぜい四倍の九六歳まで生きれば長生きする方である。五キログラムある頭と、四、五〇キログラムある胸と腹を、一・五メートル上に持ち上げる「位置のエネルギー」が四足獣にくらべて大きいので、血圧を相当に高くしているため、ヒトには心臓麻痺が多発する。

わたしは口腔科医で、「顔と口腔の医学」と「容姿容貌の医学」を五年ほど前に完成させた。顔がつぶれて、背骨が年とともにゆがむ法則性を解明すべく、学生の頃から研究を続けてきた。また「顔の誕生」という問題を、脊椎動物全体にあてはめて研究するうち、進化の原因の大筋がわかってきた。五年前にこれをまとめて『顔の科学』と題して出版した。人工骨髄造血器が完成し、アホロートルやサメを使って実験進化学的方法を用いた研究が順調にすすんでいた頃のことである。

さて生体に働く力学刺激は、筋力から生じる内圧力と、外からの圧力や自重の圧力とにかかわらず、すべて生体内で、体液の流体力学に変換されるのである。流体力学は流動電流と共役して生ずるが、これは生命体の溶媒が水にかぎられるためである。水は電解質を解離する性質があるからである。油の溶媒の生命は存在しない。

ということは、生命は、すべてエレクトロンの渦が廻ると同時にリモデリング(細胞の再生)が行われて老化を克服するシステムと見ることができる。そして個体丸ごとのリモデリングが遺伝現象であり、これは通常は生殖を介して行われる。行動様式が変わると形が変わるのは、生体内で生ずる流体力学の変化によるのである。そしてそれによって生ずる電流で、間葉細胞の遺伝子の引き金が引かれると遺伝子の発現が起こって蛋白質ができるのである。

ところで、一八四八年に発表された、匿名の著者による一冊『創造の自然史の痕跡』(Vestiges of the Natural History of Creation)がロンドンで刊行された。宇宙、生物、人間社会のすべてが進歩の過程にあると説いて、たちまち話題となった書があるが、科学者から厳しい書評があいついだ。

これは、ジャーナリストのR・チャンバースが書いたもので、ガルの骨相学とヘッケルの先験的生物学の法則を重視する立場に立って、星雲の宇宙進化論と、ラマルクの生物進化学、ガルの骨相学を、社会改革論を結びつけ、すべてが「発達の法則」のもとにあることを説いたものだ。ガルの骨相学とは、脳が精神の器官であり、頭蓋の形から、人の精神が判断できるとするもので、後に否定されている。

この「痕跡」の書は、ダーウィンに大きな影響を与えており、発行部数も彼の『種の起源』の二倍以上で、生存中に著者名が匿されていたためと、学術的な体裁をダーウィンのようにとらなかったために、今日では忘れられている(『ダーウィンの時代―科学と宗教』松永俊男著)。

骨相学、または観相学は、通常は顔の相のことを指し、頭蓋の形のことではない。顔の相からは様々なことが感得される。顔の骨は、皮骨というオルドビス紀の甲皮に由来し、筋肉群は心臓と由来の同じ鰓腸に遡ることができる。顔は、生命を代表する器官である。そして眼も鼻も手も触覚も、当然、咀嚼器官と関係する。食べることが生命の渦を廻す源であり、活動の源であり、生殖の源である。

ヒトの顔の変形の法則性が明らかとなると、これを脊椎動物の進化に照らして見る。すると、従来の謎が一気に解けてくる。脊椎動物の骨格の変容は、重力作用つまり万有引力のもとで、動物がかなりのスピードで、かなりの時間を動く時、そのベクトルと時間によって生じる、重力方向と移動のベクトルとその時間との合成によって、形が決まるのである。これが「定向進化」の法則である。

光のないところでは、ほとんどの生命体は視力を失うが、これは光というエネルギーに対する用不用の法則による器官の廃絶である。生涯に光を一度も経験しない網膜の細胞は、一度も遺伝子発現によるロトプシン産出をしない。これが何千代も経過すると、当然器官も縮小する。やがて生殖細胞の眼の遺伝子に突然変異が蓄積すると、もう何をしても眼は元には戻らなくなる。これが「収斂進化」である。

ここで一つ、定向進化の法則の例をあげる。クジラやイルカ、マナティと、オットセイやアザラシ、アシカ、ラッコとの対比で力学的に研究して見よう。

なぜこの二系統を比較するかというと、ともに哺乳動物が陸から海に戻っており、前者と後者では鼻孔の位置と手・足・毛の形が著しく異なるからである。大雑把に見るなら、前者が魚形、特に軟骨魚類のサメに近く、後者が四足獣の形をとどめているごとくに見えるが、実際には逆である。

クジラ類は、鰭と尾が魚とは似ても似つかないが、一方、アシカやオットセイは足と手は魚の鰭形である。この違いがどこからくるかを考えてみると、まさに行動様式の違いが「形の違い」となって現われる力学対応にあるのだ。

陸にいる間は、この両者は一般の四足獣型であるが、海水中に突然、大地が没したりすると、なんとかそこで生きて行く時、生活媒体の物性が大きく変わるため、その対応で形が変化するのである。

まず、生活媒体の空気が、重量が一〇〇〇倍の水に変わり、レーノルズ数(粘稠係数)が飛躍的に増大する。そうすると、身体の動かし方によって、空気中にあっては極めてわずかしか存在しなかった粘稠係数による抵抗が、水で増大するために、身体を動かすたびに、形がこれにより少しずつ変化する。一方、水中で身体全体を泳いで移動すると、前に述べたように口肛の分極が起こる。身体の一部を特殊に動かすと、水の抵抗のほかに慣性の法則も作用する。水中では、浮力に相殺されて、見かけ上の重力だけが六分の一Gとなっているだけで、実際には物体に一Gが作用しているためである。

では同じ哺乳類でありながら、クジラ類とアシカ系統との違いは、どこにあるのだろうか。これは力学を導入して、これらの動物を観察すれば明らかとなる。泳ぎ方の違い一つで、身体の構造と形が、永い期間の間に変化するのである。実際には、一日中泳いでいると、ウォルフの法則に従って、少しずつ〇・〇〇〇一ミクロンくらいずつ、身体の形が変化するのである。一千万年すると、三六センチメートルほど変化が生ずる。

クジラは泳ぎ方がドルフィン型で、身体全体を、頭も含めて背腹に波うたせると、ほとんど足が機能せずにぶら下がっていて、足の代わりに尾でドルフィンキックをするから、ほとんどのクジラで骨盤と足が無くなり、尾が水平になり、魚とは違った向きになる。

息を吸う時に、鼻の頭を水面に出し、そのままドルフィンで泳ぐと、鼻孔が慣性の法則で、やはり一日に〇・〇〇〇一ミクロンずつくらい、頭頂に向けて尾側に移動し、一千万年くらいすると、鼻の孔が頭頂部方向に三〇センチくらい動くのである。マナティのように、ドルフィン型の動きがきわめてゆっくりしていると、鼻孔は移動しないで、縦長になるのもよく力学対応と一致している。

これに対してアシカ類は、手、足を魚の鰭のように使い、呼吸する時は、体を水中に立てて、その都度鼻を上に向けるので、鼻孔の位置はそのままである。身体を側方にくねらせて泳ぐから、手足は五本の指を残して鰭形になる。尾だけはドルフィン状に使うものも多く多様である。こうして観てゆくと、ラッコは身体つきも尾も、ほとんど四足獣の形をとどめているから、ずいぶんと最近に水に回帰した動物のはずである。

重力対応進化学では、形や機能の変化した状態から、作用する期間と重力などの力学の強さ物性、化学的特性の変化の程度がおのずと逆計算できるのである。

ところで、本書を読む読者の中には、慣れない文言ために、解りにくい点も少なくないと思うので、しばしば話を反復し、繰り返して書いてゆく。そうすれば、そのつど前を読み直さないでもすむかもしれない。すんなりとご理解される方は、その部を読み飛ばして頂ければ幸いである。

序論が長くなったが、本書の出版にあたっては、日本教文社の北島直樹氏に大変ご面倒をかけましたので、ここに感謝の意を表します。

なお、原始脊椎動物を用いた実験進化学である本研究において、京急マリンパークの樺沢洋館長に直々の御指導を賜りました。心より感謝の意を表します。

二〇〇一年二月吉日

西原克成

追いつめられた進化論▼目次

装幀▼川畑博昭

第一章

追いつめられた進化論

Chapter.1

主義で進化は起こらない

ダーウィン主義と訳されるダーウィニズムとは何かを考えると、本当の自然科学者には、主義という言葉が耐え難い反・学問性を含んだ言葉として受け取られる。

社会科学や人文系科学に於いて「主義」とは何かを考えてみると、一般に学説のことを主義、主張と呼ぶ。これは「この立場をとる」という意志の力に裏づけされた主張を意味する。

これに対して、自然科学の学説は、元来が原理や理論のことで、仮説として出発し、きちんと証明されたり検証されると、これが法則と呼ばれる。ここに人間の意志の入る余地は全くない。

なぜ、このような違いが人文・社会科学と自然科学の間にあるかといえば、自然科学は自然現象や宇宙の運行の様《さま》を観察して、その中から法則性を見出ださない限り、謎の解明が不可能なのに対して、人文系では、ヒトの生き方は、もともと五欲の本能に根ざした「好き・嫌い」といった感情に則《のっと》って生まれ、考え方や生き方がそれぞれのヒトによって違い、その立場からしか社会現象を見ることができにくいからである。

人の世で営まれる文化現象を対象とした学問では、捉え方の基本となる考え方が個人に備わった思想や感情、心や意志、望みや人生目標等によって左右される上に、生育環境や教育、能力や才能によって大きく異なるためである。

それで人文・社会系の学問には、人格と切っても切れない主義・主張が、学問と仮説の中に含まれてしまうのである。

従って、構造主義哲学は存在しても、構造主義進化論などは、あろうはずがない。主義主張で進化が起こることはあり得ないし、主義主張で自然現象を理解しても、本当の進化の起こる法則性とは無縁だからである。

ダーウィニズムとは、自然科学に社会科学の方法論を導入した観念論であり、サイエンスとしては、初歩的な誤りを犯しているものである。ヨーロッパや日本の学者はこんなことになんと一五〇年間も気づかなかったことになる。

ネオ・ダーウィニズムはサイエンスではなかった

進化論(学)は、単なる想念上の論説にすぎなかったものを、サイエンスと錯覚したところに二〇世紀の悲劇があった。

学問には「学・術・論・法」といった厳密な階層性(ヒエラルヒー)がある。神学からサイエンスが独立して、次になすべき手続きは、この階層性を正しく手続きを踏んで積み上げることであった。これが必要にして十分なるサイエンスの条件なのである。

学問の究極の目的は、「錯綜する現象の背後に潜《ひそ》む法則性の究明」である。その技法として、まず様々な方法を用いて資料を集め、これを分析し、これに基づいて組み立ててできるのが「論」である。

たとえば統計法や有限要素法を用いて、対象となる資料を集計したり分析し、これをまとめて「論」を作る。「資本論」や「進化論」がこれに相当する。資本論には引用文献法が用いられた。しかしいくら文献を積んでも、引用したものが空論か推論では、できた論もまた空論となる。

「進化論」は、大まかな成体の形を、植物も動物もひっくるめて観察した、博物学のうちでもリンネの分類学に遠く及ばない程度の観察法に基づく「論」だったのである。

ここでいう論とは、さまざまな手法で得られた資料を円満に説明できるように仮に組み立てたもので仮説に当たる。

次いで科学者のなすべきことは、観察術や医術、武術、航海術と呼ばれるように論を再度実践に移して、考え方の骨組みが実際の現象系で、誤りなく機能するかを検証しなければならない。実践で理論通りの結果が得られなければ、この論(仮説)は手直しを要することになる。

そうしてでき上がった仮説を、何らかの方法で検証(証明)しなければ学の体系はできあがらない。この手続きを着実に踏んで、最初に論を立てた対象となる錯綜した現象の背後に潜む法則性が樹立されれば、学問の体系が一応完成する。

二〇世紀には、論と説と法則がごちゃ混ぜになった時代であった。生命科学の中で過去に示されている法則をきちんと並べると、なんと進化の現象はほとんどサイエンスとして二〇〇年前に、既に解明されていたことがわかる。本書ではこれについて述べる。ついでながら、ネオ・ダーウィニズムには、法則性は何一つ示されていなかった。

ダーウィンはサイエンティストではなかった

ダーウィンは、解剖がいやで、医者をあきらめて聖職者の道を選んだ。

彼はくしくも、最初に進化学を体系立てたラマルクが『動物学』を著した一八〇九年に英国に生まれた。名医と言われた父の跡を継ぐべくしてエジンバラの医科大学に入ったが、早々にケンブリッジの神学部に転じて、神父になる勉強をした。

当時、学問で一番くらいが高かったのが神学で、次いで法学、医学の順であり、一九世紀後半から盛んになった化石の研究や比較解剖学、動物学や植物学は「博物学」として一括され、主に医者か聖職者が研究に携わった。

西洋のサイエンスは、元々ニュートンにしても、コペルニクスにしても、宇宙における統一性と調和が、神の存在によることを証明するために研究を続けたのである。大学では医学を嫌って神学を選んだことが、ダーウィンの進化論に二〇世紀にまでも及ぶ程の大きな影を落とすことになるのである。

彼は、自然神学に基づいてすべてを考えた。従って、比較解剖の体系を立てたキュビエや分類学を完成させたリンネ、形態学を創始したゲーテのように、実際の動物の解剖による観察を通して、さまざまな形態系に生ずる現象の背景に潜む法則性を見出すという、ガリレオやニュートン流のサイエンスの手法を取ることをしなかった。

医者になることを嫌ったダーウィンは、生涯、解剖に疎《うと》く、そのために解らないことが多すぎた。多くの神学者にならい、ダーウィンも自然神学を学びながら、博物学研究に首を突っ込んでいた。

二二歳の時から、海軍の測量船ビーグル号に乗って、五年間、南アメリカと太平洋の諸島を廻ったときに、彼はライエルの『地質学原理』を読んで感動したという。ライエルは、すべての動植物の体制には、「完全なるデザインの調和と目的の統一」が示されており、進化学(ラマルク)のごとき探求は「無限かつ永遠なる存在の属性」(つまり神様のこと)を蔑《ないがし》ろにすると主張している。

この本に感動したダーウィンもまた自然神学の信奉者であり、特に彼は、名門中の名門ケンブリッジ広教会派に所属していた。

『種の起源』出版百年記念の一九五九年以後は、ダーウィン研究の質と量が格段に発展したといわれている。これらの研究で明らかとなったことは、ダーウィンの進化論が、ベイリーの自然神学を基礎していたことである。

一八四四年にまとめられたダーウィンの理論によれば、環境が変化した場合、神々の直接の手による自然選択により、生物は新たな環境に完全に適応したものになると主張している。『種の起源』の初版の扉に向き合ったページには、ヒューエルとベーコンの言葉が引用され、この書が自然神学書であることを示している。また、第三版には、ダーウィン自身の負担で「自然神学と矛盾しない自然選択」というパンフレットの宣伝が掲載されていた。

一八六〇年後半に、彼はキリスト教信仰を棄て、自然選択と神とは無関係で、無目的な自然観察と見なすようになった。つまり途中で、神学者から科学者に転向したのである。そのためか彼は、ビーグル号から帰った後は、生涯にわたり恐慌障害(panic disorder)を患っていた。ついでながら、ネオ・ダーウィニストも、科学とは何かを知らない人達の集団であり、つまりサイエンティストではなかったのである。

ダーウィンはジェンキンの批判でラマルク説に転向した

ダーウィンは、当初から「偶然変異」が蓄積して進化が起こると考えていたが、一八六六年に、エジンバラ大学の工学教授ジェンキンが、「融合遺伝説」で仮に親の五〇%が子に伝わるとしても、優れた偶然変異が「自然淘汰」する前に、四代で遺伝形質は希釈《きしゃく》され、大海の一滴になってしまうという批判論文を発表した。

これに対してダーウィンは降参して、『種の起源』の第六版に、ラマルクの「用不用《ようふよう》の法則」の項を追加した。その後、「突然変異」の存在が植物で発見されて、「偶然変異」が本当に存在したのだということになって、風前の灯火であったダーウィニズムが息をふきかえした。

しかし実は「突然変異」は進化とは無縁なものであった。さらに悲劇的なことは、突然変異を見つけたメンデルによって確立された植物の遺伝学「メンデリズム」は、えんどう豆を使って多くの学者が追試したが、メンデルの法則は検証できなかった。

まして哺乳類の遺伝では、雑種の交配でわかるように、メンデルの「対立遺伝子」(たとえば、えんどう豆の色の違いに関する遺伝子)の概念は、瑣末な事象にしか成立しない。雑種と正統種との交配では、四代で希釈されてわからなくなってしまう。

突然変異で進化が起こるとしたら、相当数のものが同時に同じ遺伝子に突然変異を起こさなければならないが、このようなことはあり得ないのである。

メンデル理論は進化とは無縁の遺伝現象であった

突然変異が植物で発見されたが、これを直ちに脊椎《せきつい》動物の進化に当てはめるのは大きな誤りであった。

えんどう豆を使って研究したメンデルと、おおまつよい草を使って研究したド・フリースによる突然変異の発見は、遺伝学上重要ではあるが、脊椎動物の進化の学問とはほとんど関連性がないことに気づくのに一〇〇年近くもかかってしまった。

また進化の様式は、生物の骨格系によって、それぞれ異なることに気づくのにも一〇〇年近くかかった。動物の突然変異は、分子病と奇形のみで、突然変異の子を標準の子に近づけて育てられるのは人類のみだった。

また、メンデルの対立遺伝子の概念で進化は起こらない。進化学上の革命期には、脊椎動物の体制が大きく変化するが、この変化は、数百万年の経過後には遺伝現象に取り込まれる。この体制の変化に対立遺伝子は関係がない。

「総合説」が扱っている進化の表現形は、大体がメンデルのいう対立遺伝子に相当するらしい瑣末《さまつ》な現象のみを扱っている。例えばダーウィンフィンチ(ガラパゴスにいる鳥)の嘴《くちばし》の長さの変化や、蛾の色調といったもので、すべてが力学対応としか考えられないものである。進化の現象とは無縁の事象のみしか具体的には扱えないのが総合説の遺伝表現形である。

脊椎動物の進化の第一革命、第二革命を経て、第三革命で哺乳類が誕生するが、総合説ではこの体制の激変の機序と遺伝現象の一切を説明できない。

彼らの扱うものは対立遺伝子の概念のみである。この概念はえんどう豆やショウジョウバエによく見られる色の違いなど末梢《まつしよう》的なもので、脊椎動物において対立遺伝子を示すものは進化と無縁の末梢的事象のみである。

ダーウィニズムはごちゃ混ぜの混迷進化論

リンネもラマルクも、ゲーテもヘッケルも、進化を研究した時は等しく脊椎動物が対象であった。

ダーウィンもそうだったらしいが、彼は解剖学が不得手であったため、ビーグル号で行った観察がすべて無駄になったことを知った。帰国後解剖をやり直すつもりであったらしいが、病のためこれもできなかった。そこで解剖学抜きの形態学、つまり発生過程も成長過程も考えない成体の外形だけを比べた。

ウォーレスも標本採集人であったため、生物で商品となる成体のすべてを扱った。二人の合作のような「進化論」は次第にごちゃ混ぜとなり、脊椎動物、無脊椎動物、植物までごちゃ混ぜにし、時代を経たネオ・ダーウィニズムではカビ、細菌に至るまで一括して扱われるようになってきた。今では、Procaryotae 原核生物(細菌など)、Eucaryotae 真核生物(キノコ類、カビ類、原生動物など)まで動物と区別することなく、進化が突然変異で論じられている。

脊椎動物では、一般に親が子を教育して育てる。この子育てのことが一切欠落している。多細胞の生物を、骨格で分類すると五種類に分けられる。形の進化の様式は、この骨格物質によって異なるが、これもごちゃ混ぜである。

混沌《こんとん》としてただ外形だけがぼうっと進化するものと考えて、一五〇年も経ってしまった。解剖学なしのごちゃ混ぜなら、解剖学だけで進化の謎が解けてしまうのかもしれない。本書では、進化学の謎の大筋を解読して述べる。

ワイスマンの実験は愚かしい誤りだった

有名なワイスマンという学者は、今でもネオ・ダーウィニストの内では英雄扱いをされている。獲得形質遺伝説を葬り去り、遺伝学の基礎を築いたとされている。

このワイスマンの愚かしい実験というのは、ネズミのしっぽを二二代にわたって一六〇〇匹も切り続けて、これが遺伝しないのを明らかにしたというものである。今でもこの実験で、ラマルクの用不用の法則が否定されたと考えている学者が多い。

用不用の法則は、体の使い方を長く一定にしていると、主応力線《しゅおうりょくせん》と重力の作用方向の合成で形が変わるというものである。変形の仕方の方はウォルフ(Wolff)の法則に従うが、この時動く骨や筋肉を作っている細胞の遺伝子の引き金が、力学刺激で引かれるから、骨が造り変わって、それで変形するのである。

ネズミのしっぽ切りは、愚かしい実験であった。ネズミの生命体とは全く無縁の刃物で、ネズミにとっては理不尽にもしっぽを切る。しかしそこにはある細胞の遺伝子が発現するいとまも無い。それは用不用とはかかわりのない「外傷」である。

外傷は破壊しかもたらさない。用不用の法則が外傷に置き換えられると誤解したのがワイスマンであった。

こんな勘違いによる実験によって遺伝学の基礎が築かれたのである。ここに今の遺伝学のていたらくがある。三島にある国立遺伝学研究所では、全員がダーウィンやワイスマンを信じて、今も日夜、研究が続けられているという。

数年前にその三島の研究所に行った時のことが今でも思い出される。新進気鋭の若い学者がいうには、

「あなたの話はラマルク説に似ていますね。その考えは、キリスト教で言えば外道に当たります。ここでは、すべてがネオ・ダーウィニズムで成立しています。あざらしを見てください。あれは奇形です。あんな奇形が生まれたから、水で生活するしかなかったのです」

これを聞いたわたしは驚いて早々に退散した。あんな手足の奇形の仔《こ》が、犬のような親から生まれたら、親はびっくりしてすぐに見捨ててしまうのは、ネコやイヌを飼ったことがある素人ならだれでも知っている。その点、学者は素人とは違うはず。ものを人一倍深く考えるのが職業学者である。

あざらしの原始形の犬のような親は、水かきをもって生まれた奇形の仔を見て、はたと

気づいて野を越え、山を越えて海辺につれていって、自分が泳げるかどうかを顧みずに泳ぎを教えると同時に、今までネズミやウサギを捕っていたところを、生まれた奇形仔ゆえに食性まで魚に代えるといった神業を考えるのが、彼ら学者なのである。

ありそうもないこじつけを考えるのは、複雑系の「北京の蝶々でニューヨークに嵐が起こる」のと同じである。

フィルヒョーの誤謬が進化学と医学を駄目にした

進化が、数億年前の夢物語で、検証不能の学問だと断じたのは偉大なる医学者で政治家でもあったドイツのフィルヒョーである。彼はそれまで営々と進化の実際について、個体発生と系統発生の関係を手がかりとして研究していたヘッケルやルーの生命発生機構学に水を差したのである。

それ以後は、まじめな進化学の研究をあざ笑うようになってしまった。フィルヒョーは「細胞病理学」の体系を立てた近代病理学の開祖のような人であったから、その影響力は絶大で、免疫病が今の医者に治せなくなったのも、フィルヒョーの細胞病理学が原因となっている。アメリカの臓器別医学の理論的背景はこのフィルヒョーである。

彼は、すべての病的現象は、細胞の変性や病変といった病理組織像に表れるという強固な思想を世界中の医学者に押しつけた。そのため機能性の疾患というものが、世界中の医学者から忘れられてしまった。

進化ですら、重力をはじめとする体の使い方の力学(バイオメカニクス＝生体力学)やラマルクの「用不用の法則」によって起こるだから、体の使い方を誤れば病気が起こる。これが今、世界中の人を困らせている免疫病である。

体の使い方を機能というが、実は免疫病とは「機能性疾患」なのである。機能性の疾患は、体の組織や器官を顕微鏡で見ても、特に発病の初期ではほとんどフィルヒョーのいうような細胞病理学的変性像を示さない。ただの正常なリモデリング(体の細胞の作り替え)を示すのみである。

体に力学作用が繰り返し加わると、骨格はそれでも作り替わり(リモデリング)がおこり、力学に適したように変形する。この時も細胞病理組織像は示さない。ただ肉眼で見たときの骨の形が、力学の作用する前と後とで変わるだけである。

そしてこの力学刺激が適度の範囲を越えただけで、細胞組織は殆ど正常のまま病気が発症する。これが機能性の疾患である。ひどく進行すると、はじめて関節の形やら組織像が変化し、常在菌の細菌感染が認められるようになる。

進化の学問が間違っていると、人間の病気も治せなくなってくる。進化は紛れもなく今も力学対応によって、地球上で数億年前と全く同じ規模で起こっている。フィルヒョーのいうようであったら、数億年の後に今の地球を化石で研究すると、今の時代以降からピタりと進化が止まってしまうことになる。

偉大な医学者が、偏った学問の体系を作って、それと気付かずすべての医学の基礎的体系として敷衍して、その上更に自信満々と自然科学の問題にまで口を挟んで、その意見がまかり通ると、自然科学は一〇〇年間、暗黒の中世のようになってしまう。

フィルヒョーは、政治家でもあったから、ネオ・ダーウィニズム以外の意見の人は、ガリレオのように二〇世紀において圧殺されたのであった。

参考資料
R・シュペーマン、R・レーヴ　『進化論の基盤を問う』（東海大学出版会）（1987）
J・ハワード　『ダーウィン』（未来社）（1991）
松永俊男　『ダーウィンの時代』（名古屋大学出版会）（1996）
E・マイアー　『ダーウィン進化論の現在』（岩波書店）（1994）
八杉竜一　『ダーウィンの生涯』（岩波書店）（1950）

第二章　進化のレジェンド

Chapter.2

迷宮進化論を追いつめる進化学

ネオ・ダーウィニズムに代表される従来の進化の研究は、組織や器官の変容という物質的基盤に基づく、検証に立脚した研究が一切なかった。

動物・植物から細菌・原生動物まで含めて、ただごちゃ混ぜにその変化を漠然と形や代謝で観察し、観念的に論じていたにすぎない。

今日、遺伝子に関する分子生物学が進歩し、生物の形態と機能を司《つかさど》る本体が栄養や酸素から、温熱・力学エネルギーまでを含めた広義の生体力学刺激(物理・化学刺激＝従来環境因子と呼ばれていた)による細胞とミトコンドリアに含まれる遺伝子の機能発現に、その大半が依拠していることが明らかとなった。

そして単細胞生物と多細胞生物では、重力への対応が本質的に異なることも明らかとなっている。さらに、多細胞生命体は、五種類の骨格物質により分類され、その進化様式は、これらの物質によっても、著しく異なる事が明らかとなった。

骨格というのは、重力への対応でできるものである。

これまでの生命科学には、多細胞生命体にとって最も本質的な重力作用が完全に見落とされていた。したがって、従来の進化論は根底から書き直さなければならない。本書は、一五〇年間の迷宮進化論を正す最初の進化学である。

脊椎動物の定義は、「骨化《こつか》の程度にかかわらず骨性《こつせい》の脊柱《せきちゅう》を持つ脊索《せきさく》動物」であり、特徴器官は脊柱と腸管呼吸器である。

なぜ形が変わるのか

進化の研究すなわち進化学とは、形態変容の法則性の解明である。

したがって、骨格物質の形の変化と呼吸器の変化の法則を究めれば、進化学が解明されるのである。骨には、骨の機能適応形態として、すでに、一八九〇年代からウォルフの法則が知られている。

この臨床医学から得られた大ざっぱな経験法則を深く考えれば、これ一つで進化は解明されるが、さらに鰓器《さいき》から、皮膚呼吸や肺呼吸の変容と発生の様式を観察すれば、検証に基づく進化学を樹立することができる。

骨の機能適応の実態とは、反復運動による荷重が、生体内で液性《えきせい》の流動に変換され、これがさらに流動電位《でんい》に変換されることによって、この電位で骨や軟骨を作る細胞の遺伝子の引き金が引かれて骨の改造が起こる現象である。

つまり、骨の形態変容の法則は、生体力学が主導であることを、ウォルフの法則は示しているのである。

一代かぎりの骨格の機能適応現象が、ウォルフの法則であり、これは、重力方向と骨格の運動による主応力線《しゅおうりょくせん》方向との合成で形が決まるというものである。力学刺激の骨格への作用のみならず、あらゆる物理・化学刺激に対する対応としての、あらゆる器官や組織の変容の累代に及ぶ法則がJ・B・P・ラマルクの用不用の法則である。

一方、上皮《じょうひ》細胞や間葉《かんよう》細胞が、湿潤な状態で大量の酸素に接触すると、酸素が引き金となって赤血球造血が起こる。これが皮膚と肺の呼吸細胞の誘導であり、これを上皮細胞の化生《かせい》(metaplasia)という。ほとんどすべての体細胞は、身体のあらゆる器官を作る遺伝子を持っているから、その引き金が何らかの因子で引かれれば、どんな細胞にでもなれるのである。これが化生である。

法則性の探求

ウォルフの法則の成立する機序を、分子生物学的に理解することができれば、ラマルクの用不用の法則も分子生物学的に容易に理解される。一八〇九年に発表されたラマルク学説は、二〇〇年後の二十世紀に、獲得形質《かくとくけいしつ》の遺伝の法則として、誤って法則のおきかえが行われた。

前述の遺伝学者A・ワイスマンによるネズミの尻尾切りの実験によって、この法則が否定された。この馬鹿げた実験系が完全に誤っていたことにすら、二〇世紀の学者は気づくことができなかった。

二〇世紀の生命科学の研究者の最大の特徴は、世界中で考えることを止めた職業学者の集団で構成されていたことである。「バイオメカニクス」がこれだけ盛んに研究されていても、ウォルフの法則一つでもその本質を考えた学者がいなかった。

用不用とは体の使い方のことである。使い方というソフトの情報を何らかの方法であれ、的確に伝えれば、同じ遺伝形質のまま変形が伝えられることに気づかなかったのである。

しかしこのことに直観的に気づいていた学者も、一九世紀末から二〇世紀にいたが、これらの人々と学問が、第一次世界大戦のドイツ・オーストリアの敗北で抹殺されていたのである。E・ヘッケルとその高弟のW・ルーは、脊椎動物において「個体発生」と「系統発生」が、ともに重力作用を引き金として再現されることに気づいて、生体力学と生命発生機構学を創始した。

ドーリーのクローン羊で明らかとなっているように、分化《ぶんか》の完了した間葉系の細胞の遺伝子は、一個体のすべての器官と組織を作ることのできる分化した細胞の遺伝子の機能を、卵細胞と全く同様に保っている。

このことは、完成した間葉細胞の遺伝子の引き金を、うまくコントロールしさえすれば、生体のあらゆる臓器を間葉細胞から発生・分化・誘導できることを意味している。

実験進化学の挑戦

わたしは、形態学と機能学(生理学=分子生物学)と分子遺伝子学の三者を広義の生体力学(物理・化学刺激)によって統合する「三者統合研究手法」(Trilateral Research)を開発した。

形態と機能が共役しているのが生命体で、ともに遺伝子の発現が基礎となっているからである。つまり形態学と生理学は、同じ生命現象の異なる側面を手法の違いによって観察していたことになる。この観点から、発生学と進化学を見直すと、検証に基づく、極めて有効な実験発生学と実験進化学を組むことができる。

わたしは、このようにして一九八八年に、哺乳類に特有の釘植歯《ていしょくし》の代替となる高次機能細胞からなる人工関節の歯周《ししゅう》支持組織(セメント質・歯周靱帯・固有歯槽骨《しそうこつ》)をもつバイオセラミクスの人工歯根《しこん》の開発に、世界にさきがけて成功した。生体力学の有効利用によって、従来不可能とされていたセメント芽《が》細胞を、人為的に誘導することが可能となったのである。

次いで、造血巣はもともと骨髄と腸管にしか発生しないのであるが、合成ヒドロキシアパタイト(アパタイト)を用いて筋肉内で異所性(本来存在しない場所)に造骨と共役した造血を誘導する「人工骨髄チャンバー」の開発に成功した(一九九四)。

これは、合成ヒドロキシアパタイトの多孔体を、血流のほとんどない皮下組織に移植埋入すると、何ごとも組織反応が起こらないが、動きに従って大量の血液とリンパ液が移動する筋肉内に移植すると、多孔体内部に造血と造骨が共役して発生するというものである。

手術で発生する未分化間葉細胞から直接造血・造骨細胞が生体力学刺激による遺伝子の発現で発生するものであり、発生する造血・造骨細胞は筋肉細胞からの仮性と見ることもできる。

事実、アパタイト周囲には筋肉組織の構造を保ったまま、筋膜と骨膜の形成される組織像が観察され、多孔体内で造血と造骨が流路に沿って形成されている所見《しょけん》が観察される。筋肉も身体のすべての器官や組織を構成する細胞を、分化させるだけの遺伝子をもっていることから考えれば当然である。

したがって広義の生体力学刺激(物理化学刺激)の有無によって発生する細胞や組織・器官の強化とおとろえは実質的には用不用の法則と同義であり、究極では刺激を受ける細胞や組織の遺伝子発現つまり化生と考えることができる。

さらに、骨髄造血巣《こつずいぞうけつそう》を持たない原始脊椎動物の軟骨魚類と円口《えんこう》類に、合成アパタイトを移植して人工的に骨髄造血巣を誘導することにに成功し、「実験進化学手法」を完成した。

生体力学を導入した進化学

骨髄造血の成立は、脊椎動物の上陸に際して水中の六分の一G(浮力に相殺《そうさい》された見かけ上の)から一Gへの変化と、酸素の溶媒の水から空気への変換によって生ずる呼吸の不調により、窒息しそうになると苦しまぎれにのたうち廻る結果、血圧が上昇して生き延びることができるのである。

この時、内骨格が骨化して骨髄腔《こう》が形成され、ここに自動的に造血巣が発生する。これにより、進化が個体発生・系統発生の過程で、ともに重力への対応で用不用の法則によって発生していることが明らかとなった。

脊椎動物の進化では、細胞や組織のレベルでは骨格系物質がコラーゲン・軟骨・骨へと変化するのみで、原索《げんさく》類の前の腔腸《こうちょう》動物のヒドラの段階で、すでに肝・腎・脾《ひ》・扁桃《へんとう》・呼吸器・脈管・血液遊走細胞などはすべて細胞として存在している。

原索類のホヤの遺伝子重複で、鎖サルパ型の個体ができて、これが呼吸運動で頭側に向かって進むと、進行方向と重力方向との合成で、機能細胞の組織化と統合が起こる。

本書では、進化の学問に生体力学を導入し、形態学の系統発生学・個体発生学ならびに「生命発生原則(生命反復学説)」および生理学のバイオメカニクスにもとづくウォルフの法則とラマルクの用不用の法則を導入し、重力を主導とする力学対応でヒトをはじめとする脊椎動物の進化が無目的に起こっていることを明らかにする。

従来の目的論的・観念論の進化論を完全否定するとともに、正しい進化学を樹立したのでこれについて詳述する。ヒトの器官の構造的欠陥を認識し、ヒトの器官の正しい発育と発達のためのよすがとしたい。

力学エネルギーと生命

生命個体の特徴は、質量のある物質（栄養・酸素・ミネラル・水等）の水溶性コロイドから成り。時間と空間、重力・力学エネルギー、温熱・電磁波動エネルギーの四種類のすべてを生命個体が占有して、初めて生命が成立するはかない存在である。これらのどれ一つが欠けても生命は存立し得ない。

生命体が、周囲の環境から独立して存在すると考えていた二〇世紀の生命科学の常識は、質量保存の法則の一九世紀のもので、質量のある物質のみにいえることであった。これが、この宇宙は質量のある物質のみから成り立つとする唯物論である。

質量のある物質の固相・液相状態では、異なる物質が同じ空間を同時に占有することができないが、気相とエネルギーは、同じ空間を同時に共有できるから、この意味で生命体は閉鎖系ではないのである。

それで、開放系の生命を取り巻く環境因子のエネルギーや質量のある物質（水や空気）が徐々に、あるいは急激に変化すれば、遺伝形質が同じ状態で生命体の形や機能が対応して変化するのである。

変化の様式は、骨格においては、生体力学刺激に対応してウォルフの法則に従い、高次機能機関においては、間接的化生すなわち用不用の法則に従う。

この変化が、代を隔てて長期に及んだものを進化と呼ぶ。形と機能の変化を後追いして、生殖細胞の遺伝子に起こる突然変異により、遺伝形質がゆっくり変化するが、これが分子進化である。

したがって、分子進化は形態・機能の変容とは殆ど無関係に確率的に起こるものである。形態の進化も分子進化もともに無目的に起こる現象である。

三者統合研究手法の試み

ヘッケルのとなえた古典的「生命発生原則」すなわち、脊椎動物の宗族《そうぞく》発生と個体発生の関係を、現代ライフサイエンスの観点から、詳細に比較観察したわたしは、個体発生が系統発生を五つの表現形で繰り返すことを明らかにして、これを「真正生命発生原則」として提唱した(一九九九年)。

一方、進化の現象をW・ルーのバイオメカニクスと生命発生機構学(Entwicklungsmechanik der Organismen)の観点、すなわち「重力が生命発生の主要因」という観点から究明すると、ラマルクの「用不用の法則」が、正しい進化の法則であることが自明となる。

用不用とは、体の使い方のことで、重力作用に基づく生体力学の摂理でのみ、動物が生命活動を営む事を意味する。つまり、ニュートンの万有引力の法則のもとでのみ、生命体は時間の作用で機能するのである。

したがって進化学は、ラマルクの用不用の法則とゲーテ形態学(Marphologia)とヘッケルの生命発生原則とルーの生体力学(Biomechanicks)と、デルブリュックの分子遺伝子学とを統合すると、はじめて解明されるのである。

これまでのように、形態学と機能学と分子生物学が、こま切れに分かれ分かれになっていては、解明されるはずもないのである。これらの三者を、わたしは生体力学によって統合して「三者統合研究手法(Trilateral Research Method)」を開発した結果、進化の謎が解明されたのである。

ラマルクの学説とルーの学問が生体力学である。生体力学で進化が起こるとなれば、力学を用いて進化を実証的に検証することができる。これが、わたしが開発した実験進化学研究手法(Experimental Evolutionary Research Method)である。

以下、「真正生命発生原則」(西原&ヘッケル)と「真正用不用の法則」(西原&ラマルク)について解説する。

真正生命発生原則

「個体発生は系統発生を繰り返す」

という生命反復学説(生体発生原則＝Recapitulation Theory)で、ヘッケルは繰り返すという言葉を、彼の造語で「recapu」つまり「頭部」すなわち「内臓頭蓋《とうがい》」(鰓《さい》腸《ちょう》を含む)が繰り返すというラテン語をあてた。

形態的には、手や足、尾が進化を遡《さかのぼ》ると無くなってしまうためと思われるが、実際には、①形態系においては、内臓頭蓋系・呼吸器系・循環器系・消化器形・泌《ひ》尿《にょう》生殖器系が繰り返されるほか、②代謝系も、エネルギー代謝のチオールエステルの解糖系とピロリン酸エステルの呼吸系が繰り返され、窒素の代謝系も繰り返される。

また、③骨髄造血の発生と、④組織免疫系の発生は、高等動物でのみ繰り返される。そしてこの発生過程の基盤となるのが、⑤遺伝子発現系で、これも発生の時間軸に従って反復されるのである。

これら五つの表現形において、個体発生は系統発生を繰り返すことを、わたしは明らかにし、これを「真正生命発生原則(西原＆ヘッケル一九九九)」と呼んでいる。

高等生命体の器官や組織の形態形成と、リモデリングと、機能の発現は、すべて遺伝子の発現によることが自明である。しかしここでは「形態系」を中心として述べる。

個体発生において、形態系が正確に系統発生を再現するとすれば、①哺乳類と②両生類・爬虫類・鳥類は、肺呼吸の成立前にそれぞれ①哺乳類型爬虫類と②両生類型爬虫類・鳥類の二種類に分岐しているはずである。

現在の哺乳類の個体発生の過程で、観察される器官の発生・変容の様は、爬虫類系における聴覚伝音系骨格、及び内臓頭蓋咀嚼系と、心肺《しんぱい》の形成において、様相が全く異なるからである。

爬虫類の聴器と顎舌《がくぜつ》筋肉系と心肺は、すでに哺乳類のそれらのシステムには変化しようがない方向に変容している。

ここで多細胞動物の器官分化の原型を考えてみよう。器官の形態的・機能的分化は、すべて遺伝子の発現によって達成されるが、多細胞動物を構成する未分化《みぶんか》細胞は、すべて受精卵と同じ遺伝子をもつ。

つまり脊椎動物の原型は、単細胞の原生動物に求められるのである。単細胞の原生動物が獲得し、保持した細胞小器官の機能は、すべて遺伝子に保たれているが、多細胞のヒドラが成立したときに、遺伝子の一部の機能が、細胞性に機能分化し、さらに原索動物が成立した段階で器官に分化し、組織化したにすぎない。

したがって、原索動物の感覚器官系・中枢神経系・呼吸器系、消化器系、血液・脈管・循環系、筋肉・骨格系および遺伝子系(ゲノムの重複)が、どのように変容を遂げるかを正確に比較観察すれば、系統樹の謎はおのずと解けるのである。

ラマルクの掲げた法則

ラマルクは、一八〇九年の『動物哲学』に、次の二つの法則を発表した。

「第一法則」

すべての動物において、ある器官の頻繁で持続的な使用は（発達の限界を越えないかぎり）、この器官を少しずつ強化・発達させるとともに大きくし、これに比例した威力を付与する。

他方、しかじかの器官を全く使用しないと、この器官はいつのまにか弱まって、役に立たなくなり、次第にその力を減じてついには消滅する。

「第二法則」

ある種族が、久しい以前より身をおいてきた状況の影響により、すなわちある器官の優先的な使用の影響、およびある部位の恒常的な不使用の影響により、自然が個体に獲得させた、あるいは失わせたあらゆるものは、獲得させた変化が雌雄に共通であるか、新しい個体を生み出したものに共通であるかぎり、自然は生殖によって新しく生まれた個体にこれを付与する。

彼はこの二つの法則をまとめて「用不用の法則」とした。そして、これを「不動の真理」とし、「これを見過ごすことのできる者は、みずから一度も自然を観察したことのない者だけだ」とも述べている。

この二つの法則で、ラマルクは、自明のこととして「外的要因・内的要因を伝えることによって」という条件を記入することを省いてしまった。このことが、後世の誤った翻訳の源となったのである。

第二法則の部分が独立して扱われ、しかも誤って「獲得形質の遺伝」として後世に翻訳されたのであった。用不用の法則における器官の使用・不使用とは、分子生物学的に何を意味するかを考えれば、この法則の真の意味が解るはずである。

用不用の法則

一つの例を、暗闇の洞窟に入った動物の眼にとると、眼が一度も光を感じないで、眼を構成する細胞の遺伝子の引き金が、生涯にわたって一度も引かれないままに経過すると、眼の遺伝子はあっても、機能しないために器官が萎縮《いしゆく》する。

不使用の期間が、一〇〇〇代~二〇〇〇代ほどだと、発生の初期に弱い光を与えれば眼は回復するが、これが何万世代も続くと、眼を構成する生殖細胞の遺伝子の突然変異が、百万回のコピーで一回の割で発生するため、眼の遺伝子に変異が蓄積して、ついには眼が廃絶《はいぜつ》し、もはや弱い光を与えても元に戻らなくなるのである。

不用で起こる器官の萎縮を後追いして、遺伝子の分子進化が、無目的に起こるのである。骨格における一代かぎりの用不用の法則がウォルフの法則である。一定の歯や顎や足や手の使い方を続けていると、その使いかたの力学的特性に従って、顔や顎や手足の形が決まる。この機能適応形態がウォルフの法則であり、筋力を含めた骨の外からの反復性の力で形が決まる。

この一定の歯や顎の使い方というのは、食性が種《しゅ》によって一定になると、いやでも代々同じ物を食べることになり、食物のありようによっては、つかまえ方から噛み方に至るまで代々学んで伝えられることになる。

変形の後追い

機能適応形態のウォルフの法則で、一代かぎりの変形が起こり、これが食物というソフトの情報で同様の変形が代々生じ、ついに一〇〇万代にも及べば、形は大きく変化する。これが用不用の法則である。

変形を後追いして、生殖細胞の遺伝子の突然変異により、分子進化が起こり、代が進むと、もう二度と元には戻らなくなるのである。そしてすべての器官において、栄養や酸素を含めた質量のある物質と、質量のないエネルギーによって、細胞の遺伝子の引き金が引かれて、形態と共役した機能の発現が起こる。

つまり用不用とは、器官の遺伝子の機能発現のことだったのである。そして引き金となる物質(物理・化学刺激)さえ次代に伝われば、同じ遺伝形質のまま形と機能の変化を代を隔てて、生殖によって伝えることができるのである。

ただしそれを先天的に遺伝子によって伝えることはあり得ないのである。これが用不用の法則の分子生物学的解明である。

脊椎動物の「進化の革命紀」を考える

脊椎動物の進化の革命紀には、①「揺籃《ようらん》期」、②「原初の革命」—原索類の誕生、③「第一革命」—棘魚類《きよくぎよ》の誕生、④「第二革命」—上陸劇、⑤「第三革命」—哺乳類の誕生、⑥「第四革命」がある。

揺籃期の用不用は、触手呼吸から腸管捕食・腸管呼吸への呼吸法の変化である。

原初の革命は、遺伝子重複で、これは受精卵が水温の変化で容易に三倍体・四倍体を生ずる偶然性によるものであり、用不用ではない。しかし鎖サルパ状の体節動物が完成すると、各体節はまさに用不用の法則に従って、頭部・顔面・鰓腸・胃腸部・尾部の各部に分かれる。

第一革命は、頭進による重力対応である。

第二革命では、三つの大きな物理・化学刺激の変化があった。一つが見かけ上の六分の一Gの水中から一Gの陸への変化で、二つ目は、酸素含有量が一％から二一％のに増えたこと。三つ目が、酸素の溶媒が、水から空気へと大きく変化したことであった。第三革命の哺乳類の誕生も、咀嚼という重力対応が中心となっている。第四紀は人類の誕生である。

以下、真正用不用の観点と分子遺伝子学の観点から進化の革命紀について述べる。

(1)革命の揺籃期～皮膚呼吸から腸管呼吸へ

原初の革命期の前には、皮膚呼吸を行う苔虫《たいちゅう》類(翼鰓《よくさい》類)から、腸管捕食のついでに腸管呼吸を行う原索類のホヤが分岐する。

波に揺られながらの翼手捕食のついでに、翼で呼吸を行う皮膚呼吸から、腸の内臓筋運動による捕食とともに発生する腸管呼吸への変容が、次のステージで脊椎動物の源となる。腸管呼吸が、この宗族特有の特徴的呼吸様式なのである。これが脊椎動物の革命の揺籃期である。

皮膚呼吸というのは、皮膚の上皮細胞が酸素を引き金として、赤血球造血を行うことである。これが腸で行われるようになるのも、腸粘膜上皮の化生による。

皮膚から腸へ呼吸粘膜上皮細胞が移動するのは、系統発生の初期で移動も基本部分のみと考えられる。

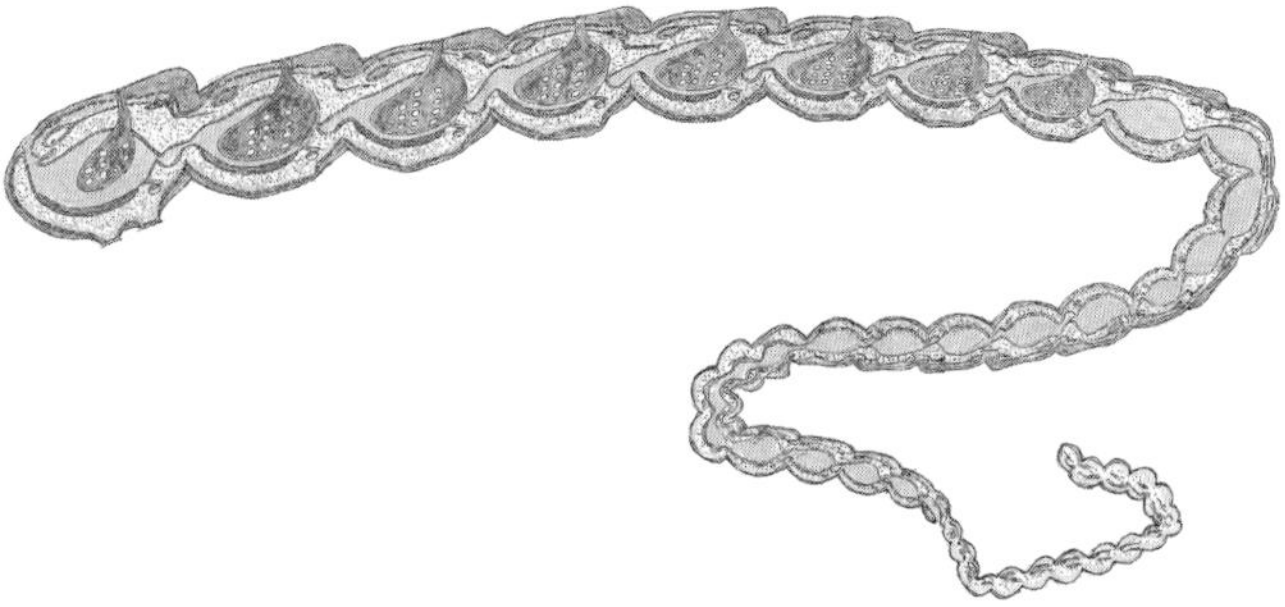

鎖サルパ型の多体節ホヤ（西原原図）

遺伝子重複で鎖サルパ型の個体が発生して頭進すれば、用不用の法則により機能分化が起こり、多体節が鰓腸と消化の腸と、腸が消失した尾の体節群に分化する

未分化の間葉《かんよう》細胞が、すべての器官を作るだけの遺伝子をもっているためである。原索類の誕生もまさに用不用の法則による。触手を波のままに動かして、餌と酸素を捉えていた食べ方が、原腸を大きく動かすことで大量の水を取り込むついでに、水とともに入ってくる酸素が引き金となって、血液の誘導が腸管に起こるようになる。

これが腸管呼吸、すなわち鰓《えら》の発生であり、用不用の法則による。

(2) 原初の革命〜遺伝子重複と頭進

ホヤには群体ボヤや鎖サルパがある。単体節のゲノムサイズが七のホヤが、遺伝子重複を四回繰り返すと、ゲノムサイズが一〇〇の哺乳類となる。

原初の革命では、ホヤの遺伝子が三倍体に

なると、体節動物の古代ナメクジウオや古代ヤツメウナギ（ゲノムサイズ一八）が誕生する。

これがゲノムが二倍体となり、さらにこれが三倍体となれば、これがほぼ哺乳類動物のゲノムサイズである。遺伝子重複は、受精卵が寒冷刺激にさらされる程度で、容易に起こる。

古代ヤツメや古代ナメクジウオの内骨格は、コラーゲンか軟骨性で、これが腸管呼吸を行うと、ジェット噴射の要領で頭に向かって泳ぐようになる。

これが「頭進」である。

(3)第一革命

◎口—肛の二極分離

頭進とは、力学現象としては、頭の先端にある口方向に主応力線のベクトルが走り、慣性の法則で、鉛直方向に重力が作用する。したがって頭進のスピードと、頭進を続ける時間の函数で、生命個体の形が変化することになる。

頭進している間に、時間の作用により一定の速度で、細胞がリモデリングや分裂を繰り返すから、この間に「慣性の法則」が作用して、食物の消化やそれからできる血液（造血）や、さらに血液の老廃物の泌尿や血液の余剰栄養からなる生殖細胞（泌尿・生殖系）が、時間のかかる細胞の分化誘導として、ゆっくりとできてくるから、慣性の法則でうしろに取り残されて、時間経過とともに少しずつ肛《こう》側に移動する。

体節動物が成立し、水中で頭進をつづけている間に起こる主な変化が、門脈脾《もんみゃくひ》(造血系)の成立と泌尿生殖系の肛側への収斂《しゅうれん》である。

この力学作用で、原索類の前腎《ぜんじん》から顎口類・爬虫類の中腎《ちゅうじん》が成立する。原初のステージでは、腎も生殖系もともに鰓部に存在する一種の造血器の変容体で、腎は筋肉の老廃物質を排出し、生殖腺は余剰血液の代を隔ったリモデリングシステム(卵子と精子)への変換器である。

腎は、鰓の水をこす機能を哺乳類に至るまでとどめている唯一の器官である。従来、進化の現象で重力を完全に無視していたために、この頭進による口—肛の分極の現象が不思議な謎として解明不能とされていたのである。

二〇世紀には、ニュートンの万有引力の法則が、相対性理論で無視されてしまったためである。質量のある物質に備わった本性が重力であり、力学現象とは、質量のある物質が空間を移動したときに起こる現象である。

◎顎をもつ魚類

A・アインシュタインは、ニュートン力学のすべてを否定したために大きな誤りをおかしたのである。そのために何が何だかわからない、事実と異なった相対性理論ができてしまったのである。現在では、超低温・超高圧・超高温における種々の現象が、アインシュタインの相対性理論からはみだしてしまうのであるが、これを統一的に考えようとする学者がほとんどいない。

新しい生命科学とは、この領域にエネルギー保存の法則のうえに成り立つ二〇世紀の物理学を導入したものをいう。これにより脊椎動物三つの謎が解明される。第一革命では、頭進によるエネルギー代謝の活性化呼吸の進展にともなって、軟骨性の皮歯《ひし》がアパタイト化し、アパタイトの皮歯を持つ軟骨の顎が形成され、有顎《ゆうがく》類が誕生する。

頭進《とうしん》が進むと、肝臓と血島《けつとう》(腸のまわりの血のたまり)で行っていた造血が類洞脾《るいどうひ》に収斂し、頭進のスピードが上がり時間が経過すると門脈脾ができる。ホヤの一つ一つが、鎖サルパのようにつながって、それぞれ体筋を作ると、椎骨(軟骨)と腸が体筋ごとにそれぞれ連結する。

腸は、頭進に従ってゆっくりと右廻りにねじれるが、これは地球が自転しているために、重力方向と頭進による慣性(肛側へとり残される)と自転によるねじれの三つのベクトルの合成でおこるものである。

原始脊椎動物有顎類の軟骨魚類のサメにまで見られるラセン腸は、各体筋ごとのホヤの腸がラセン状の壁で一つの体筋によって仕切られているもので、脊椎と対応しているものである。腸の分化と並行して泌尿・生殖系が徐々に中腎として肛側に移動する。

(4) 第二革命

◎陸に上がる

脊椎動物の第二革命の上陸劇で起こる生体力学的環境変化には三種類ある。まず、水中の六分の一Gから、陸棲の一Gへの変化と、同時に起こる酸素の溶媒が水という液体から、空気という気体へと激変し、同時に酸素の含有量が海水中の一％から空気中の二一％へと激増する。

上陸劇でどんな変化が起こるかを、現生のサメの成体とアホロートルの「幼形成体」を実際に陸上げする実験進化学により、実験的に観察することが可能である。

系統発生では、第二革命で鰓器《さいき》が内耳やホルモン分泌の内分泌器官や造血器・圧力センサー等と肺へと変化し、同時に楯鱗《じゅんりん》の皮歯からカルシウムが抜けて、硬蛋白質《こうたんぱくしつ》のみからなるウロコや皮革・毛髪に変化する。

この時に重力作用に対応すると、内骨格の軟骨が硬骨に変わり骨髄腔を形成する。系統発生学における第二革命の上陸劇でおこる一連の変化を、現生の高等脊椎動物(上陸を経験したことのある動物のこと)すなわち硬骨魚類・両生類・爬虫類・鳥類・哺乳類について、個体発生の経過を観察して、肺と心臓の関係を中心に比較すると、歴然と以下に記す三つのグループに分けることができる。

一つは、硬骨魚類・両生類・鳥類で、魚類では、ウキブクロとなっている肺が、心臓に接して食道を背側に横切って、内臓域の骨盤にまで発生するグループである。鳥類ではこれがさらに発展し、内臓にまで気嚢《きのう》が入り込むようになっている。

二つ目のグループは、囲心腔内に肺が発生し、囲心腔の尾側底が横隔膜を形成する哺乳類である。

三つ目の爬虫類は、この二つの中間型で、横隔膜はないが肺が腹腔までに及ばずに胸部にとどまるグループである。実際にサメを海水から毎日一時間ずつ九日間陸に上げて、主な体の変化を観察した結果を記す。

◎サメの陸上げ実験

サメとしては、ドチザメ(Triakys)とネコザメ(Heterodantus japonicus)を用いた。ともに第一鰓孔《えらあな》が「空気孔(Spriracle)」として、小孔が眼の尾側端にある。これに対して、鰓孔がほとんど同じ大きさで六、七列並び、スピラクルのないラブカに代表される一群の太古のサメがいる。

スピラクルの存在は、何を意味するのであろうか？

行動様式がシルリア紀から今日まであまり変化がなかったのが、ラプカに代表される一群のサメである。第一鰓孔が目の後端で縮小し、側線《そくせん》の集約器官へと収斂するということは、まさに用不用の法則によって起こる現象である。

何に対してかというと、デボン紀に海水が浅くなり、汽水にとり残されたサメが干上がって、空気呼吸と重力に長期に繰り返しさらされたことによる、空気と重力に対する用不用である。

脊椎動物の進化における形態変容の法則とは、各革命紀に成立した宗族の生命個体の原型が行動様式や環境因子の変化に従って、用不用の法則のもとに、形態と器官の機能を徐々に変化させるということである。

したがって、原型からの逸脱は、行動様式か環境因子の激変を意味するのである。重力対応進化学では、時間と行動様式による反復性の主応力線の方向と重力方向との合成と、物理化学刺激の変化とを考慮して、現生ないし過去のある時点の生命体の形態を観察すると、逆計算で方程式を解くように、過去における広義の生体力学変化(physicochemical stimuli)を知ることができるのである。

空気孔をもつネコザメとドチザメは、ともに過去に長期に繰り返し空気呼吸を経験しているはずであるから、一日に一時間程度の陸上げは何ともないのである。この時の広義の生体力学変化には、①見かけ上の六分の一Gから一Gへの激変、②酸素の溶媒の水から空気へ、すなわち液体から気体への物性変化、③酸素の含量の海水の一%から、空気の二一%への変化……の三種類である。

サメの陸上げは、一〇日間程度であるため、重力対応と酸素含有量の増加が主な変化として把握され、海水の空気への変換への対応としては、鰓の粘液分泌量の増加と呼吸回数の激減(1／3)くらいしかない。

◎鰓器の変容と骨髄造血の成立

第二革命の上陸劇で起こる最も重大な進化の変容は、鰓器の変容と骨髄造血の成立の二点である。サメの陸上げでは、鰓器からどのようにして肺が誘導されるかを、実際に再現する実験が可能である。

その他の事項については、メキシコサンショウウオ(アホロートル)の幼形成体(両生類型)の個体を、水の減少による陸上げで、人為的に爬虫類型になるさまを観察すれば、用不用の法則による諸器官の変化を検証することが可能である。

サメの陸上げでは、酸素の含量が海水の一%から二一%の空気に変わると、呼吸が三分の一に減っても、鰓に残った海水を介して血中に入る空気(酸素・窒素・炭酸ガス)は、海水中のそれに比べて五倍から一〇倍になる。

空気呼吸に適していない、水呼吸用の鰓ではうまく呼吸が出来ないために、上陸するとすぐに窒息しそうになり、苦しまぎれにのたうち廻ると血圧が上昇し、その結果、空気呼吸が可能となると、脈圧の差の増大と酸素分圧の劇的上昇により、血中への酸素をはじめとする空気の取り込みが急増する。

鰓では、最高血圧時に、血液から血中に溶けている炭酸ガスや空気が排出され、最低血圧時に二一％の酸素を含む空気が吸収される。血圧の上昇で、心臓の動きも当然はげしくなるのであるが、心臓の周囲では、運動の活発化にともなう脈圧の差で、最低血圧時に血中に溶けている空気が、気体として血液から排出され貯留する。

◎肺と心臓の誕生

陸上げしたドチザメでは、排出された炭酸ガスや空気は、心臓の外側の両側の胸ビレとの間に含気性《がんき》の蜂巣状疎性結合組織《ほうそうじようそせい》が、肛側に向かって足ビレ近くまで伸びる。

一方、陸上げしたネコザメでは、囲心腔の外膜と内膜との間に右が大きくて左が小さい含気嚢《のう》が形成される。

太古の汽水において、干潮と満潮で上陸したり、水に戻ったりを繰り返すサメが、長期に生き続けると、これらの含気嚢が膨れ上がり、最後にはパンクすることが考えられる。

心臓は、元来が鰓の腺の特殊化したものであるから、鰓から入る気体が心臓周囲に排出され貯蔵されると、パンクする部位も当然、第六鰓孔付近となる。第七鰓腺《さいせん》が心臓となるからである。

含気嚢が破れて二一%の酸素を含む空気にさらされると、まず鰓腺がこの腔洞にヘルニアをおこして入り込む。「鰓腺」の先端では、ここに存在する疎性結合組織の間葉細胞の遺伝子の引き金が、酸素で引かれて、呼吸粘膜に「化生(metaplasia)」する。

このようにして、爬虫類・鳥類・哺乳類という、宗族によって異なる三種類の肺が、行動様式の違いによって形成されると考えられる。

これが上陸における用不用の作用である。

アホロートルの陸上げでは、一億年近くかかって変化する鰓弓《さいきゅう》の変容と心肺の変化、骨の変化と皮膚呼吸を、三カ月から五カ月にわたる陸棲で、掌の上で観察することができる。鰓弓が徐々に癒合して舌骨となり、顎骨軟骨が骨化し、心臓が縮小し心筋が厚く発達し、肺が機能をはじめて肺胞が形成される。皮膚の粘膜は、上陸とともに呼吸粘膜へと化生し、皮膚で赤血球造血を開始する。

これは酸素一%の水から皮膚が湿潤な状態で、二一%の空気に変換された時の、酸素による皮膚上皮細胞の遺伝子の発現による化生で生ずるものである。上陸劇では、側腺系と第一鰓腺から聴覚伝音系骨格が発生するが、この発生もまた哺乳類と他の宗族とは根本的に異なるものである。

上陸劇では、第一鰓腺がスピラクルを経て内耳に、第二がワルタイエル扁桃リンパ輪(白血球造血巣）に、第三・四鰓腺が上皮小体と頸洞《けいどう》（頸洞脈内にある圧力センサー）になり、第五鰓腺が胸腺《きょうせん》となる。第六鰓腺に含気嚢が破れて、鰓腺がヘルニアをおこし、この含気嚢とが合体して肺に変容するのである。

これらの変容は、陸棲にともなう食物・細菌・酸素・気体・力学作用等の変化による複雑な複合作用によって生ずる「遺伝子の発現」によって起こる化生と見ることができる。用不用の法則とは、物理化学刺激による化生であり、これが分子生物学的に見た用不用の本質ということができよう。

個体発生における心肺の形成を両生類と哺乳類で比較すると、系統発生の再現が観察される。哺乳類のラットの発生アトラスでは、受精後九日目に肺芽が心臓に向かって陥没し、囲心腔に入る状態が観察される。系統発生と個体発生を合わせて考えると、哺乳類型爬虫類の肺の発生の模式図ができる。

両性類の個体発生では、アホロートルの幼生からの変態で、器官が囲心腔に接して形成され、肺が食道を背側に横切って、骨盤まで伸びる様子を観察することができる。実験進化学による肺の発生と、後に詳述する顔面頭蓋の形・歯の異形性から考えて、ネコザメが上陸すると、これが哺乳類型の爬虫類となることは確実と考えられる。

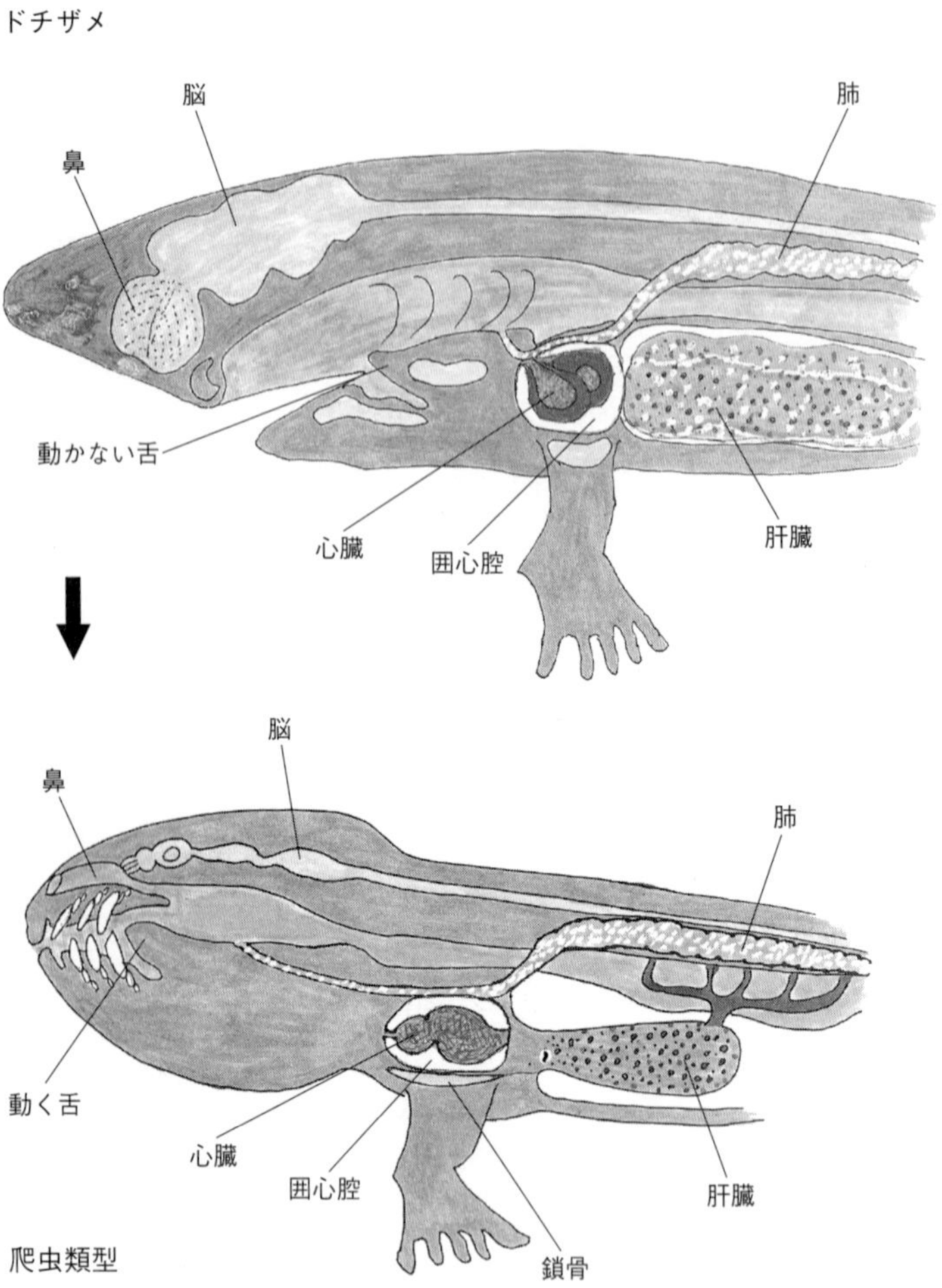

ドチザメ（爬虫類型）の含気嚢のでき方

ドチザメ（爬虫類）型のサメは、のたうち回るうちに、両生類・爬虫類・鳥類の肺になる　　（西原原図）

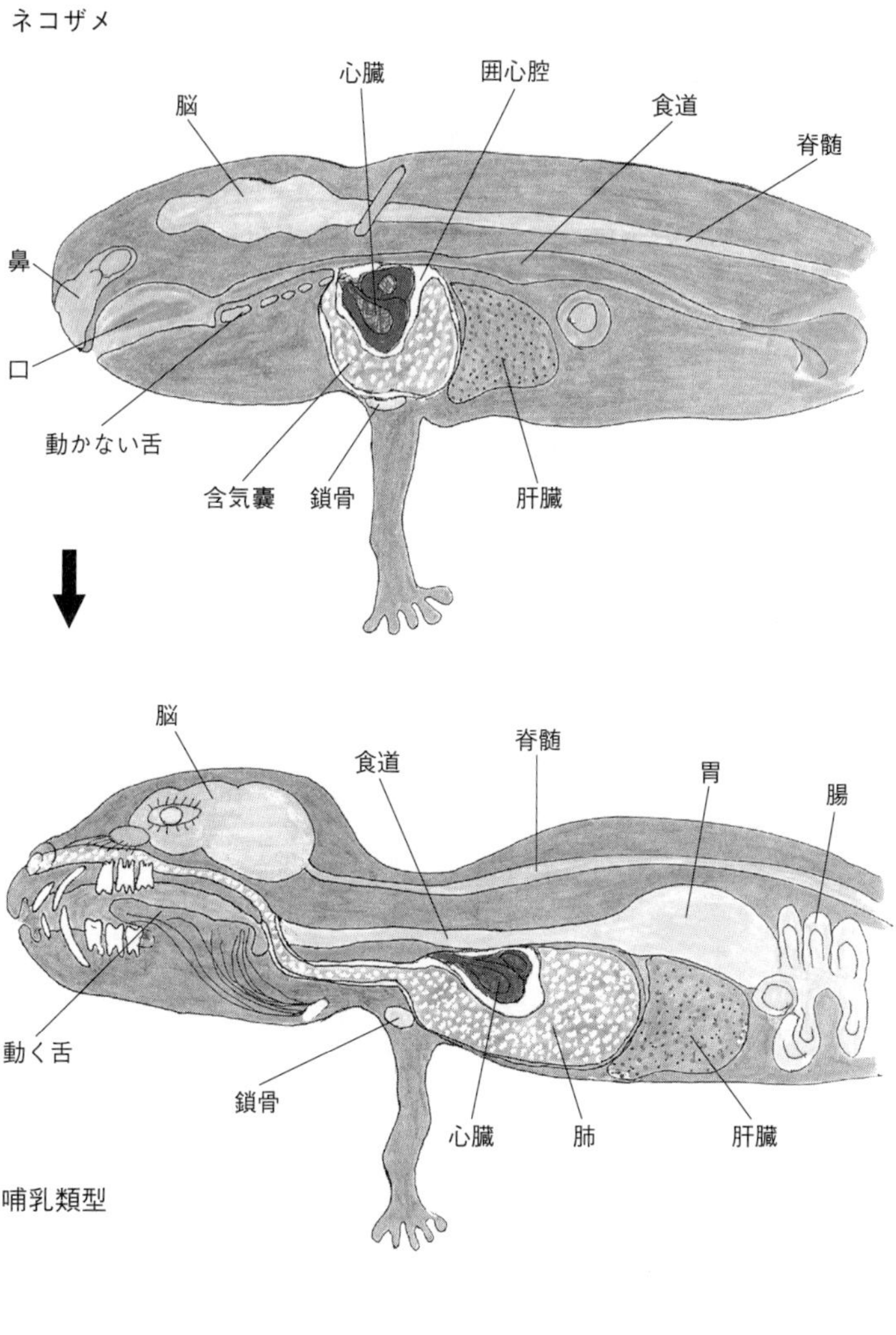

ネコザメ（哺乳類型）の含気嚢のでき方

ネコザメ（哺乳類）型のサメは、肺が囲心腔におさまる

（西原原図）

◎哺乳類型爬虫類のサメ

脊椎動物の進化は、個体の内外から作用する広義の生体力学作用（物理化学的刺激つまり栄養からエネルギーまでを含めた物質の作用）により、同じ遺伝形質のまま、形態や機能がそのエネルギーや物質の作用に従って変化することであり、それらの変化を後追いして、生殖細胞の遺伝子がまれに起こる突然変異によって変化する。

これが分子進化であり、形態や機能の進化とはほとんど無関係といってよい。

第二革命の哺乳類の誕生では、ネコザメが上陸して一斉にのたうち廻ると、この種族はのたうち廻りの行動様式により、同じ遺伝形質のままウォルフの法則に従って骨格が一斉に哺乳類型の爬虫類となる。

すでにネコザメは、エビやサザエを殻のまま咀嚼して食べるから、歯はその学名「Heterodontus」が示す如くに三種類の「heterodontia」（異型歯）よりなっており、哺乳類の咀嚼筋となる筋肉が、すでにサメにおいて鰓弓筋により形成されている。

鼻孔は、すでにサメの時代から哺乳類型をしており、口唇《こうしん》部はすべてヒトの受胎後の三二日の胎児とパーツが頬部にいたるまで対応する。頭蓋の型は、咀嚼を行う結果、一般のサメと異なり、ヒトの三二日目の胎児に似て、二つのこぶが前頭部に盛り上がっている。

脳がドチザメより小さいにもかかわらず、神経頭蓋の形も顔面頭蓋もともに、哺乳類に似て丸い。第一鰓孔が目の尾側端に存在し、内臓頭蓋が丸いため、鰓弓筋が内臓頭蓋全域に位置し、第二から第六鰓孔が近接し、第二鰓孔が特に大きく、三、四、五、六と徐々に小さくなっている。心臓も肝臓も、哺乳類に似て背筋側に厚くて大きい。鰓弓も哺乳類の舌骨《ぜっこつ》に似た位置関係にある。

◎両生類型爬虫類のサメ

これに対してドチザメは、頭蓋が扁平で顎は咀嚼を行わず、鰓弓筋が鰓孔部に位置し鰓弓が集まって舌を形成し、舌骨が両生類・爬虫類型である。顎部には鰓弓筋が殆ど無くてこちこちで、顎の形も鼻孔の形もともに両生類・爬虫類型である。

ドチザメの心臓は、鰓弓の後下端に小さく扁平に位置している。サメ(ネコ&ドチともに)では、囲心腔が心臓のまわりを囲み、左右の鰭の軟骨が心臓の中央で癒合している。心臓の型も位置も、両生類・爬虫類に近似して喉の部位に存在している。

「囲心腔」は、円口類にすでに認められる。ヤツメウナギでは、心臓を覆う軟骨によって囲心腔が形成されている。鰓腺がそれぞれ軟骨で囲まれているから、心臓も鰓腺の変容した造血器に源を発するものであることが解る。

メクラウナギの鰓腺は、それぞれ心臓と同様にぐにゃぐにゃと動く筋肉でできていて、組織像が心臓と近似している。囲心腔を覆う円口類の軟骨が、有顎類の鰭につながる軟骨に受け継がれ、これがさらに両生類では、心臓を腹側から覆う鎧状《よろいじょう》の二枚の軟骨となる。この骨は、それぞれ左右の前腕に連続している。

哺乳類では、囲心腔に含気嚢ができて、これが第六鰓腺部で破れて気道が形成され、この含気嚢が、肺となると考えられるのであるが、こうして胸部が形成されると、胸部は心臓の周囲を肺が取りまき、背側に食道が存在するのみとなる。囲心腔を形成していた両鰭の骨は、押しやられて腕につながる鎖骨となる。鎖骨が胸部を形成する唯一種の内臓骨に由来するのはこのためである。

◎化生

ドチザメとネコザメの陸上げによる実験進化学研究では、ドチザメの心臓と鰭の間の左右の腕の部に、大きさのほぼ同じ含気嚢が形成されるが、ネコザメは、右が大きくて左が小さい気嚢が、囲心腔の外膜と内膜の間に形成される。これが膨れると、哺乳類形の右が大きく左が小さい肺が発生し、その結果、心臓が左に位置することになる。

上陸劇におけるもう一つの重大事件が骨髄造血の発生である。これは動物の重力対応によるものである。これに関する実験進化学研究は、幼形成体のアホロートルを用いた人為的陸上げによる爬虫類型への変態の誘導で観察することができる。

アホロートルの水を徐々に減らして、湿度一〇〇%の状態で、三カ月から五カ月飼育すると、外鰓が縮小して、顎から舌に通じる鰓孔がやがて完全に閉鎖する。外鰓の消退にともなって、皮膚呼吸が活発となるが、これは湿潤な外皮で血圧の上昇と湿潤な水と酸素分圧の上昇によって赤血球造血が起こるもので一種の化生である。

皮膚を形成する上皮細胞の遺伝子の引き金が、酸素と水で引かれて扁平上皮から呼吸粘膜への化生が起こり、造血がはじまるのである。外細胞系の動物では、ほとんどすべての細胞が、身体のすべての器官を形成できる遺伝子を持っていることを忘れてはならない。

用不用の法則とは、物理化学刺激による細胞遺伝子の発現のことで、その本質は「用不用」による物理的(エネルギー)化学的(質量のある物質…栄養・酸素・ミネラル・水)刺激によっておこる「化生(metaplasia)」である。

筋膜に長期に反復性の荷重が負荷されると、筋膜がリモデリングする時に、未分化間葉細胞から筋肉細胞が力学刺激によって分化誘導される。これが間接化性であり進行性の化生である。

◎アホロートルの陸上げ実験

幼形成体のアホロートルを上陸させる時は、ケイジを揺りかごのように動かして体をゆすらないと水中の六分の一Gから一Gに変化した重力作用で、血液が腹側に集中して死んでしまうことがある。

こうして動かしていると心臓が縮小し、強化し血圧が高まると、同時に鰓弓軟骨が癒合

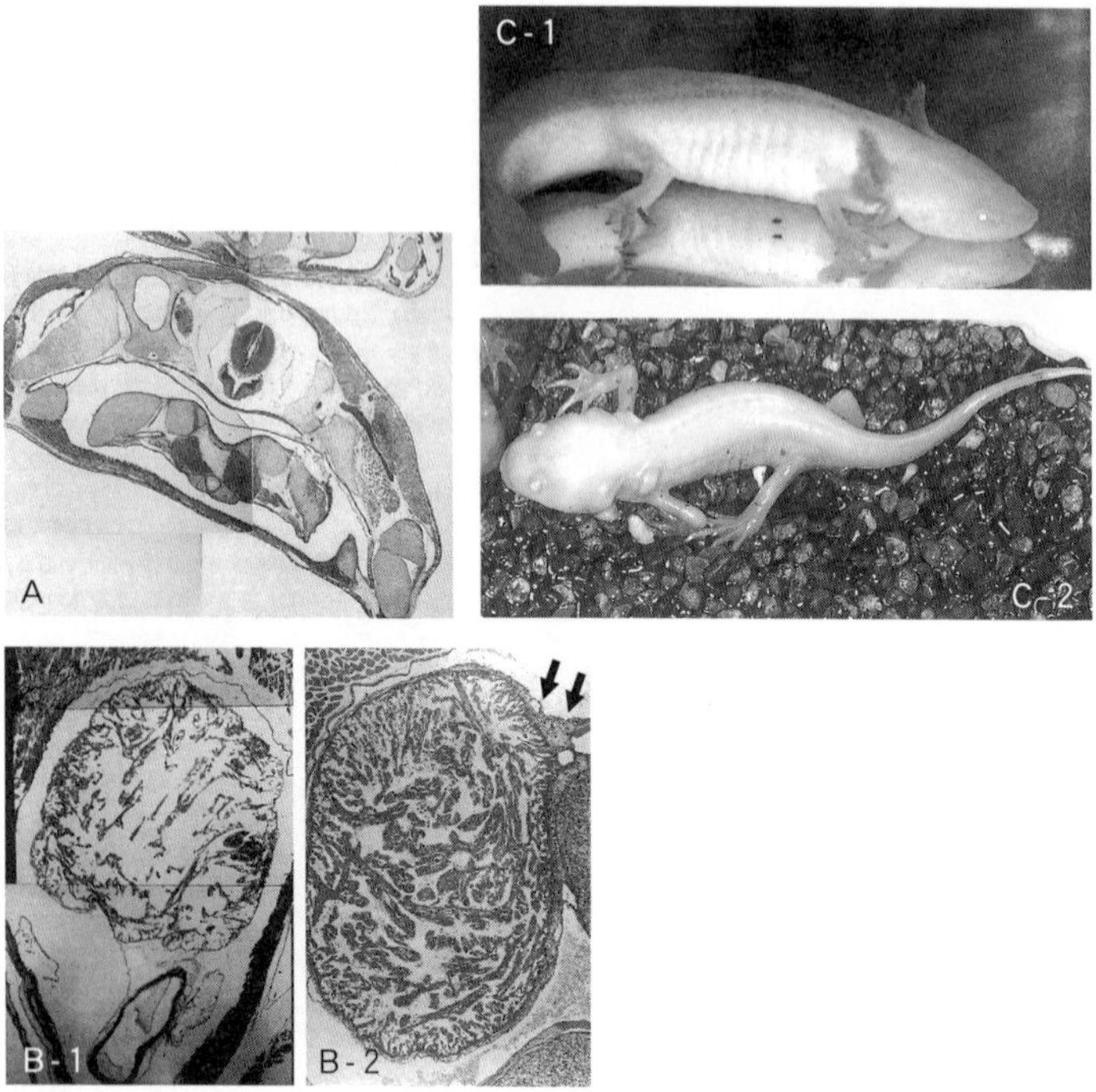

両生類の陸上げ実験

A　アホロートル（メキシコサンショウウオ）を陸上げすると外鰓が退縮する。そして外鰓を支える鰓弓軟骨が癒合して舌骨になり、それまで動かなかった舌が動くようになる。メッケル軟骨が聴覚伝音骨格に退縮し、顎骨も骨化して骨髄腔ができる。写真は、陸上げ3カ月目のアホロートル

B　アホロートルを陸上げすると、6カ月で心臓が顕著に変化し、冠動脈が発生する

B-1　陸上げして間もない頃の心臓

B-2　陸上げして6カ月で、冠動脈が発生する（矢印）

C-1　水棲のアホロートル

C-2　陸に上げて育てたアホロートル。外鰓がなくなって爬虫類型になっている

して舌が形成される。同時に軟骨が骨化して、骨髄腔が形成される。肝臓で行っていた造血が、やがてこの骨髄腔に移るのであるが、血圧をうまく上げられない時にしばしば、肝臓に障害が起きて死ぬ。

骨格では、特に鰓弓軟骨に内臓頭蓋骨格が劇的に癒合して変態をする。顎骨の癒合も鰓弓の癒合も、陸棲における摂食・歩行という重力対応による用不用の法則で、ウォルフの法則に則って起こる変化である。

第一鰓孔のスピラクルでは、鰓弓軟骨から耳小骨《じしょうこつ》が形成されるが、この変容の様式もまた、哺乳類型と両生類型・爬虫類型では根本的に異なる。爬虫類型から哺乳類型の聴覚伝音骨格には進化する手だてがない。これらはちょうど、前者の肺から哺乳類特有の横隔膜が発生する手だてが無いのと同様である。

このことは三木成夫がすでに造血臓器の系統発生図で明確に示している。それによれば哺乳類(真獣類)と、両生類・爬虫類・鳥類型の動物が上陸を機にすでに分岐して描かれている。前者の肺が囲心腔に入り、囲心腔の尾側底が横隔膜となり、後者の肺は気管が囲心腔の背側を通り、内臓にまで到達して骨盤近くまでのびる。

◎骨髄造血と血管の増生

軟骨の骨化は、重力対応による血圧の上昇で起こる流動電位の高まりで、軟骨細胞の遺伝子の引き金が引かれ、「骨形成因子＝ＢＭＰ(Bone Morphogenetic Protein)が産生され、これにより造骨と造血が共役して起こるためである。

しかし血圧の上昇のみでは、腸管造血系から骨髄造血系へと移行しにくい。造血は酸素濃度が引き金となる遺伝子の発現で起こるのであるから、血中の酸素が高くならなければ、骨髄腔ではおこりにくいのである。

第二革命の上陸劇の根幹は、以上の如く鰓からの心肺の分離と内臓頭蓋の癒合、骨髄造血系の成立であるが、骨と軟骨がエネルギー物質から成ることから、一連の変化は呼吸―エネルギー系代謝の劇的変化であることが解る。

用不用による筋肉の増強は、骨の機能適応形態におけるウォルフの法則と同様に、力学刺激による筋肉繊維増加方向に向かうリモデリングであり、一種の修復増強をともなう進行性化生と見ることもできる。

この時には、創傷《そうしょう》治癒に似て未分化間葉細胞が筋肉に化生するのであるが、この過程は毛細血管の増生とともに起こる。酸素と栄養の補給がなければ、増強的なリモデリングは起こらない。この血管の増生時には、もとより血管運動神経の自律神経の末梢が共役して伸びる。

◎副交感神経と交感神経の重層

元来が筋肉は、随意・不随意を問わず、神経系の効果器官すなわち神経によって動くシステムなのである。したがって神経支配を受けない筋肉はない。血管内皮の平滑筋は自律神経の支配下にある。

こうして上陸にともなって、交感神経が各体節からその体節の支配する血管領域を支配することになる。この変化も、用不用の法則に則って起こる二次的・三次的変化といえよう。

これに対して、副交感神経の分布は、原初の革命以前の無体節の原索動物ホヤの成立時の原型が、体節の成立した後にも保たれている状態で、これも用不用の法則による。原型のホヤには、口側の内臓脳と肛側の内臓脳の二つがあり、嗅脳《きゅうのう》・視脳・平衡脳と触覚神経の脳が、体壁脳としてこの二つの脳と癒合している。

二つの内臓脳は、生体への取り込み、すなわち摂食と呼吸・消化の脳と、代謝産物の泌尿・生殖のうち、尿と生殖細胞の成生は、鰓器に類似した造血器で行われ、したがって口側の脳に支配されるが、老廃と生殖細胞の排出だけを担当するのが肛側の脳である。

遺伝子重複をして、鎖サルパのように体節動物が成立すると、ゲノムサイズ七のホヤが三倍体を作ると、サイズが四二の円口類(メクラウナギ)ができる。

各体節にそれぞれ一セットずつ個体としてすべての器官があるが、鎖サルパ状に腸管が連続すると、その中を通流水の酸素量が、口側の七つの体節の鰓で吸収されてつきると、あとの体節の鰓は、不用にて閉鎖してしまう。

七つの体節を通る海水は、高速で鰓から排出されるから、つなぎの部分を形成する消化管は、消化をするいとまもないので、腸が不用の法則によりなくなる。つまり不用のため、機能が廃絶して、消化管の腺上皮粘膜が扁平上皮へと化生する。

オルドビス紀に出現したずんぐりとした円盤状の古代ヤツメでは、最初の七つの体節で、鰓が用の法則で残り、内臓脳の神経のみが残るのである。これらが退縮して、ちょうど単体節ホヤのように二つの脳に分かれた内臓脳が鰓腸と肛腸を支配する。

この動物が頭進を続けると、重力作用による慣性と動物の進行方向とのベクトルの合成で、鰓造血腸管系から時間のかかる消化器・泌尿の腎・副腎(この造血器で尿と生殖細胞を生成する)と肛腸が徐々に尾側に移り、その貯留装置の総排出孔を、肛腸脳が支配する。

腎・副腎生殖巣は、ナメクジウオの原始型に見られるごとく、元々は鰓腸部に存在する造血装置であるから、当然、鰓脳神経が支配する。頭進のスピードと時間に従って、腸管内臓系器官、すなわち心臓、肝臓、膵臓、脾臓、腎・副腎、小腸、大腸を支配する副交感神経の迷走神経は、頭側から肛側へ大きく伸びることになる。

この変化は、個体発生においても当然観察されることが、ルドワランの神経堤移植の実験で検証されている。

こうして、シルリア紀に完成したシステムが、第二革命の上陸をさかいとして大きく変化している。重力作用に対応して、筋肉と内臓の血管系が変化し、それにともなって各体節から伸び出す血管系を支配する交感神経が重層して成生するのである。

哺乳類の特徴

従来の進化論では、まさか重力に基づく力学作用が主体となって進化が起こるとは考えていなかったため、何らかの原因で脊椎動物が次第に高次化し、動物の形態と器官の機能が環境に適応し、効率化が進むと考えられていた。

したがって、第二革命の後に、第三革命の哺乳類が誕生するはずになっていたのである。哺乳類の最も本質的特徴は、長ずると咀嚼を行うことになる哺乳のシステムをもつ動物のことである。

胎盤《たいばん》を持たない哺乳動物もいるし、恒温《こうおん》性の大型恐竜がいるうえに、胎盤を持つサメもいるから、哺乳類のみの特徴は、口と顎と歯にしかないのである。リンネが、脊椎動物と哺乳類を定義して以来、歯と顎と耳小骨の研究が深められたのはこの理由による。

脊椎動物の形と機能の一体となった進化が、重力対応を中心とした物理化学刺激への動物の対応によって、同じ遺伝形質のまま形と機能が変化して起こることが明らかとなった今日、爬虫類の歯や顎や心肺から、哺乳類の異形歯や顎、耳小骨や横隔膜に支えられた肺が発生するシステムがあり得ないことが検証された。

形態学の研究でも、哺乳類は、爬虫類とは、上陸の第二革命の段階で、すでに別の系統に分岐していることが、三木成夫のシェーマ(模式図)でもしめされている。これまでの研究でも、羊膜類の成立後、卵を産む単弓《たんきゅう》類が分岐し、これが哺乳類型爬虫類をへて哺乳類となり、爬虫類は哺乳類が分岐した後に羊膜類から分化したとされている。

すでに述べたように、原始型のネコザメが、あらゆる点で哺乳類型爬虫類の原型となる要素をそなえており、ドチザメが両生類・軟骨魚類・爬虫類・鳥類の原型となる要素をそなえている。

したがって、この系統の軟骨魚類が上陸して、哺乳類型爬虫類と両生類・硬骨魚類・爬虫類・鳥類型に分かれたのである。系統発生学の比較形態学と個体発生学の胎生形態学との対比により、まるで進化の逆計算をするように、哺乳類と爬虫類の源となる原始型の軟骨魚類を探索することができる。この手法を、わたしは「臨床系統発生学(Practical phylogenetics)」と呼んでいる。

アンコウのオスとメスの関係

次に、アンコウのオスとメスの習性について、ラマルクの用不用の法則との視点から述べ、さらに胎盤の形成についても述べる。アンコウはオスがメスに寄生する形で生活している。オスは小指ほどの大きさで消化管もなく、メスの血管からの栄養で養われており、精巣しかもっていない。

メスはオスの一〇〇倍くらいの大きさである。寄生性のオスも最初は独立して泳いでいて、この時期には眼は大きく、嗅覚器官もよく発達し、大きな歯を持っている。やがてオスは成熟したメスに出会い、歯でメスの皮膚に食いつく。

その後、オスの口とそれに接したメスの皮膚とは、組織が融け合って両者は完全にくっついてしまう。やがてメスの血液がオスの体内をめぐり、オスの体の眼や消化管はなくなり、メスの養分で生きるようになる。

ただし、心臓と鰓と腎臓はちゃんと残り、自分で呼吸することができる。オスである証拠に精巣だけが発達する。こうなると一匹の雌雄同体の魚と同じものである。

このアンコウのオスとメスだが、もとより両者は、ほとんど同じ遺伝子からできている。アンコウのオスは、大きな歯をもつほかは、普通の硬魚類として、小指大まで育つと、この歯でメスの体表にかみつく。

そして歯(アパタイト)が溶けると、動静脈が誘導され、やがてオスは目と消化管と鰭を失うが、心・腎・鰓と脳と精巣は残る。

魚類には、主要組織適合抗原遺伝子複合(MHC)の発現がないから、他の個体(メス)にオスが融合しても共存することができるのである。上陸前の原始脊椎動物と硬骨魚類にMHCの発現がないことを、わたしが研究によって発見したのが一九九六年であった。

真獣類《しんじゅうるい》の母獣と胎児・胎盤の関係

第三革命の真獣類の特徴の胎盤の獲得は、容易に生体力学対応で行われるのである。炭酸カルシウムの卵殻は、徐々に代謝が盛んになってきた哺乳類型の爬虫類では、当然アパタイト化すると考えられる。

天変地異か、何か卵を産むことができないような肝をつぶすほどの、ユカタン半島に彗星が衝突するという環境の激変が、何十万頭かのこのグループの棲む地域を襲えば、一〇年ほど北半球が核の冬のようになり、出産反射が止まり、子宮内の受精卵が長らく子宮内にとどまらざるをえなくなることが起こる。

ある種のサンショウウオは、水を引き金として出産が起こるように、産卵の引き金を失えば、卵の停滞が起こるのである。たぶんユカタン半島への彗星の衝突と、それに続く一〇年間の核の冬のような天変地異を免れた南半球では、卵を産めないほどの気候の変動ではなかったため、哺乳類(真獣類)よりももっと大変で面倒なシステムの有袋類やカモノハシが生まれたのであろう。

卵殻が子宮の平滑筋と接して長時間たてば、アンコウのオスの歯のように、アパタイトが溶けだして周囲の組織に動静脈が誘導される。アパタイトが溶けるほどに時間がたてば、受精卵は熟して、尿膜が卵殻の直下の漿膜にへばりつく。

そして、卵殻のアパタイトが動静脈をびっしり誘導すれば、漿膜の外層に動静脈性の絨毛膜が形成されて胎盤ができてしまうのである。胎生というシステムが意外にたやすくできることがわかる。

こうして見ると第三革命とは、真獣類の誕生、すなわち胎盤と哺乳の二つのシステムの完成の段階としなければならない。真獣類の成立する前に、カモノハシのように卵生の哺乳類の幼生は、お乳を吸っていたからである。

哺乳類の特徴の歯根膜のある「釘植性《ていしょくせい》の量型歯」は、形は違うが三種類の異型の線維結合性の歯をもつネコザメが上陸し、そのまま発展したものである。肺もネコザメの心臓の囲心腔に入ると、尾側底の筋膜が動いた結果「化生」により横隔膜ができる。この筋肉の神経支配は、囲心腔とつながる鰭の筋肉と同じで、筋膜も用不用の法則により横隔膜が化生してできるのである。

鰓器の変容

第二革命で、最も本質的に大きく変化する大進化と呼ばれるものが、鰓器《さいき》の変容である。この変容と同時に、それまで存在しなかった交感神経の配線ができあがる。この鰓器の変容と神経系の発生は、一％の酸素が二一％に急増する変化と、同時に起こる重力対応で生ずる血圧の六倍の上昇による。

これにより、造血系が肝臓・脾臓から骨髄腔に移り、白血球のみならず血液の性質も大きく変化する。インムノグロブリンが、成体型蛋白質として誘導され、同時に組織免疫系が発生する。MHCないしHLA(Human Leukocyte Antigen＝ヒト白血球抗原＝ヒトの白血球の膜にある抗原でMHCの遺伝子によって支配されている糖タンパク質)がそれである。

これらの一連の変化は、個体発生においても、羊水中の胎児の世界から、破水して重力作用を受ける出生の過程で、同様に高濃度の酸素と六倍となる重力作用によって引き金が引かれるが、個体発生では、鰓器と神経系の変容と発生は、胎生中の生体力学に主導された遺伝形質で制御されている。

鰓器の変容は、交感神経の発生、つまり上棲にともなう血管の増生が主導である。血管の伸展をあと追いして、交感神経と副交感神経が伸びるのである。神経系と最も深くかかわるのが第一鰓腺で、測線の集約器官とともに内耳となり、鰓孔が外耳道となる。

歯と耳は、我々の祖先が本当に鰓をもった軟骨魚であった直接の数少ない証拠なのである。歯は、オルドビス紀の口の部分に存在した軟骨性の楯鱗《じゅんりん》の名残りであり、五億年間その基本型を保つ生きた化石であり、耳たぶは四億年前に呼吸のために水をとらえていたシルリア紀のサメの鰓の集合したもので、今は水中の酸素に代わって空中の音を捉えるシステムに変容している。

第二鰓腺は、五種類の白血球造血巣のワルダイエル扁桃リンパ輪となる。発生の初期には、この扁桃リンパ輪が位置する部位の鼻プラコードから脳下垂体が発生する。鰓腺は、元来が心臓を含めて造血器である。これがホルモン分泌の腺にも変容するが、これも水が空気に変わったことによる用不用の変化に対する化生、つまり用不用の法則に従った変化と見られる。

ヒドラの時代には、多種多様な能力をもつ細胞が、ばらばらに散存して多彩な機能を発揮していたことを思い出す必要がある。脊椎動物の体細胞は、身体に入ってくる水や酸素、温熱刺激や栄養節化学物質によって遺伝子の引き金が引かれて、何でも変化する能力をもっていることを知れば、用不用の法則が、化生の引き金を引くことであることが明らかとなる。

三、四番の鰓腺は、上皮小体(副甲状腺)と頸洞《けいどう》と胸腺となる。鰓腺は、造血器であるともに血骨系であるから、当然血圧を制御する圧力センサーにも変容する。五番目が鰓後腺、六番目が肺になる。胸腺は、元々の鰓腺の造血機能を保持したまま、上皮間葉相互作用のもとに、白血球の分化をうながす器官となる。上陸の前には無かった組織消化力のあるT細胞を分化成就させるのが胸腺である。

肺は、含気性の嚢が破れて鰓腺と交通すると、そこに腺がヘルニアをおこして移動し肺が形成されたものと考えられ、肺の端末は含気嚢の間葉細胞が、呼吸上皮に化生したものと考えられる。

寿命を縮める

腸粘膜由来の鰓の間葉部分にあった腎・副腎は、鰓腺とは別の筋肉系の造血組織であり、血液成分の老廃の除去と余った栄養による次世代再生の細胞への改変、すなわち生殖細胞(卵子と精子)として機能する。

次代の個体のリモデリングの細胞生成である。副腎は、脳の消化力と細胞レベルの消化力(白血球・赤血球・組織球による)を遺伝子の引き金を制御することで調節する。赤血球の核(遺伝子)が抜けるのは哺乳類においてのみであるから、呼吸や解糖の制御も細菌の貪食作用の制御も副腎のホルモンの遺伝子は、発現作用によって血液の機能をコントロールしているのである。

脳は、元来が外胚葉に由来するから、皮膚と同系の器官である。鼻プラコードから出来る脳下錐体も、元々は、嗅脳(嗅覚の脳)が鼻部に開いて外界と交通していた部分が脳に取り込まれて腺となったものである。

サメでは、嗅器部に存在した脳下錐体の脳の開孔部が頭進の結果、重力による慣性の法則によって口蓋部に位置するようになる。この腺組織も、元来が白血球造血巣で、口や鼻に入ってきた物質を白血球によって、細胞が運び屋となって身体に伝える情報装置と見ることができる。

これが進むと、時間の作用で脳に取り込まれ、開孔が閉鎖されると、鰓腺と同様にホルモンで身体に情報を伝えるようになるのである。ことに腎・副腎は、元々鰓の部に存在する造血系の変容体であるから、筋肉系の糖の代謝と、呼吸系、および泌尿系のミネラルの代謝と生殖系をコントロールするのである。

進化の革命紀で、第三革命の哺乳類の誕生まで述べた。

第四革命で人類が誕生するが、これは直立二歩行と、ことばの習得と、火の利用による加熱食品の常用による力学対応だけである。この行動様式激変で、人類はことばと手の動きと消化しやすい栄養の摂取法を習得した結果、脳が飛躍的に発達した。

この反面、尻尾を使わないために、用不用の法則でこれを失い、直立二歩行で走り廻っているうちに九〇ミリ水銀柱の血圧が一二〇ミリ水銀柱にあがり、ことばの習得で口呼吸と丸嚥みが可能となり、結果として身体に著しい弱点をかかえることとなったのである。

これで真獣類の一般的相対寿命の原則である、成長完了期間の五倍を生きることが人類にはとうてい不可能となっている。人類は、解剖学的には二四歳で完成する。構造的欠陥を克服するには、骨休め(大人で最低八時間、子供で一〇時間以内の睡眠)と鼻呼吸と消化管の保温、体温の保持のための気温と湿度と気圧が必要となる。

さらに有害な電磁波を排除することも必須である。このほかに重要な器官としては、骨格の変容がある。骨格について革命紀ごとに述べる。

骨格の系統発生学

原初の革命で、原索類のホヤから、古代ナメクジウオや古代ヤツメウナギに至る変化を、骨格に着目すると、まず外骨格を見なければならない。

ホヤには、軟骨性楯鱗《じゅんりん》の原器がある。これは水圧と波、つまり流水の力学作用への対応で発生したと考えられる。これは古代ヤツメウナギの軟骨性の楯鱗にひきつがれたと考えられるが、現生のヤツメウナギやヌタウナギの円口類では、顎のない口の軟骨性の皮歯(楯鱗)に受け継がれている。

ホヤの楯鱗は、種によってかわら状のものから、サメの三錐歯に似たものまで多種が存在する。古代ヤツメウナギの異甲類《いこうるい》(アパタイトの鎧をもった原始魚類)のうち最古のものは、アスピンデンと呼ばれる皮骨をもつが、これは軟骨性のはずである。これが頭進を続けて、エネルギー代謝が活発化し、解糖系から呼吸系に換わると、硬骨のヒドロキシアパタイト(アパタイト)のアスピィディンへと変換が起こると考えられる。

ホヤの前段階にある「脊椎動物の源」である原索類が成立する前の「翼鰓類《よくさい》」や「苔虫類《たいちゅう》」の外骨格にも、軟骨性のウロコが存在するはずであるが、今日まだ確認されていない。ホヤの楯鱗の軟骨は、古代円口類の軟骨性の鰓弓軟骨と、皮歯と皮骨(楯鱗)に受け継がれ、さらに第一革命の有顎類《ゆうがく》・棘魚類《きょくぎょ》の誕生で、歯と皮歯(楯鱗)に受け継がれる。棘魚類の内骨格はすべて軟骨である。棘魚類の末裔《まつえい》が現生のサメである。鮫の歯と楯鱗の基本型は、ホヤの楯鱗の基本型と同じ三錐歯型であるが、ともに良く力学対応するシステムをもつため、食物と水流等の力学的物性に応じて棘状ないし板状の様々な形をした歯や皮歯がある。

第一革命で頭進を続けていると、内骨格の軟骨が一部アパタイト化するが、これは軟骨性の化骨であり、骨髄腔がない。第二革命の上陸では、重力作用への対応で、血圧が上昇すると、内骨格の軟骨が硬骨に変化し、骨髄腔が形成され、造血系の一部が腸管から骨髄腔に移る。

楯鱗から毛髪へ

上陸で、見かけ上の重力作用が、六分の一Gから一Gに変化すると同時に起こる。水から空気への激変で、身体を取りまく生体力学的物性の著しい変化が生ずる。空気は、水の物性に比較すると、力学作用が限りなく小さいため、水圧や流水の力学に対応して機能していたアパタイトの楯鱗が力学作用を失う。

加えるに、海水から鰓呼吸の度にとどめなく入ってくるカルシウムが、空気呼吸で食物以外には入ってこなくなると、楯鱗のカルシウムが抜けて、蛋白質だけの楯鱗ができてくる。これが爬虫類の皮革のウロコであり、哺乳類の毛髪と皮膚である。

口の中の皮歯(楯鱗)に由来した歯は、食物の力学的物性に対応して、石灰化したままで機能するが、食物が歯に対する力学的作用を失えば、歯そのものが用不用の法則で無くなる。アリクイやクジラがよい例である。実際にも、歯と毛髪の上皮・間葉相互作用の組織像は完全に一致している。

第二革命では、歯の結合様式が大略、二種類に分かれる。哺乳類の異型歯性の釘植歯と、両生類・爬虫類・鳥類の同型歯系の骨性癒着歯、ないしカメや鳥などの歯のない堤《どて》や嘴《くちばし》型の二種類である。

横隔膜をもつ肺のできかたも、哺乳類とその他とで、釘植歯と全く同様に完全に分かれる。聴覚伝音系も、鎖骨も、全く同様に二種類に分かれる。鎖骨は、円口類の心臓を取り囲む「囲心腔」の軟骨が変容したもので、サメでは囲心腔の腹側に、両側の鰭につながって存在する。

哺乳類のみが、囲心腔に肺が形成される結果、心臓の前方に位置していた軟骨が頸《くび》の直下まで頭側に押し上げられる。哺乳類以外では、囲心腔の中心で心臓の前面に鎖骨が位置し、上腕と関節で繋がる。

哺乳類の原始形・ネコザメ

脊椎動物においては、個体発生は系統発生を実に見事に繰り返す。ヘッケルが二〇世紀において否定されたのは、脊椎動物の源がはっきりしなかったためと、系統がはっきりしなかったためと、遺伝子の機能が不明であり、生体力学が欠落していたためであり、用不用の法則が否定されていたためである。

遺伝子重複による体節動物の発生と、生体力学刺激による骨格の変容のウォルフの法則と、物理的化学的刺激による形態と機能の変容の用不用の法則が、ともに遺伝子の物理的化学的刺激による発現で生ずる変化(遺伝子発現による化生)であることが明らかとなれば、おのずと生命反復学説(生命発生原則)が実例によって検証される。

わたしは、この手法を臨床系統発生学(Practical Phylogenitics)と呼んでいる。ヒト(哺乳動物)の胎児と同じ形態の動物を見つければ、この動物が哺乳類になったと考えてよいのである。ヒトの胎児の三二日目の顔面頭蓋の形は、ネコザメの成体とすべてのパーツが一致する上に、ネコザメの脳が極めて小さいにも関わらず、神経頭蓋の外形もヒトの胎児とそっくりである。

このネコザメを、一〇日間陸上げすると、囲心腔に右が大きくて左の小さい含気嚢が肺のように形成されるが、陸上げしないとこれはできない。個体発生では、ラットの九日目の胎児の肺葉は、紛れもなく心臓のど真ん中に侵入するから、このサメが哺乳類になることが解る。このサメの学名が「Heterodontus japonicus」で、「Heterodontia(異型性歯)」の特性をすでにサメの時代からもっていることを意味する。

これに対して、ドチザメは、すべての面で両生類・爬虫類・鳥類型である。一〇日間陸上げすると、含気嚢がなんと胸鰭と心臓の間の両脇に骨盤域まで伸びて発生するから、これが肺となれば、爬虫類・鳥類型となる。特に鳥類の内臓にまで入り込む気嚢の発生の謎も、これで一気に解ける。

従来、気嚢は、身体を軽くするためにできたと言われてきたが、これはアリストテレスの時代の目的論で、身体は軽くしたいと鳥が脳で仮に考えたとしても(とうてい鳥が軽くしたいと考えたとは考えられないが)、軽くなることなど有り得ないのであるが、いまだに生命科学の世界では、二〇〇〇年前の神話時代の考えがまかり通っている。

皮膚・脳・眼は、同じ外胚葉からできた

ヒトでは、受胎後三二日から六日間で、第二革命の上陸劇が再現され、上陸が完了する。この時は、胎児も息たえだえになり、母胎環境が酸素不足になる、容易に内臓奇形が発生する。

十月十日《とつきとおか》の母胎環境は、オルドビス紀から現代に至る地球環境の五億年に相当し、脊椎動物の系統発生の過程が個体で再現される。この時期の骨休め不足で、造血系のリモデリングが障害されると酸素不足となり、結果として胎児の内臓奇形が発生する。たとえば三二日に、酸素不足でよく起きるのは心臓奇形で、古代魚アミアと同型の奇形の心臓脈管系

ネコザメから哺乳類に移行すると、歯・舌・鰓・心臓・肺はどう変わっていくのか

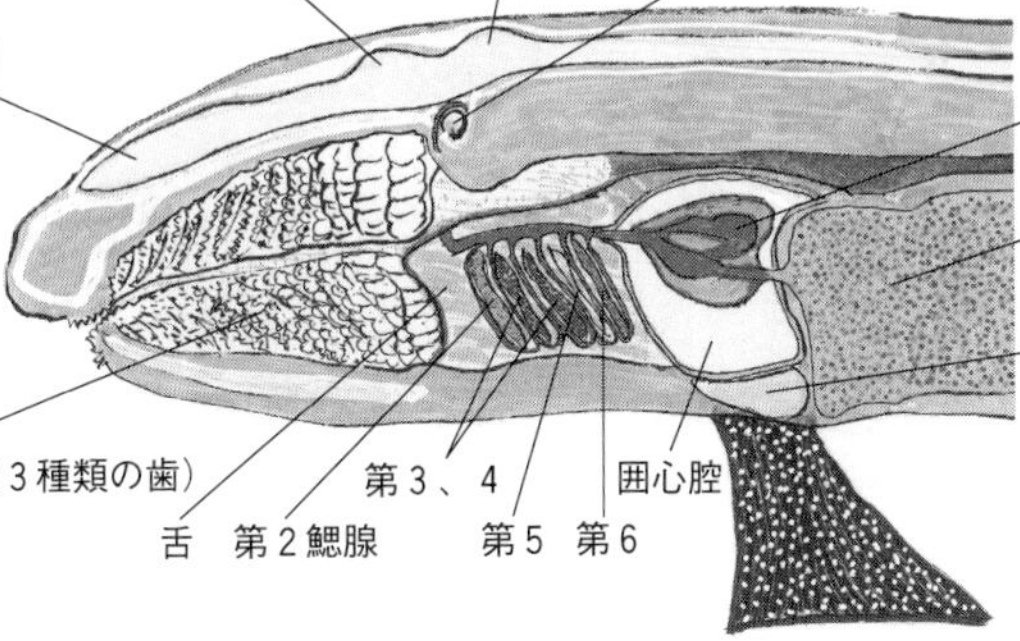

（西原原図）

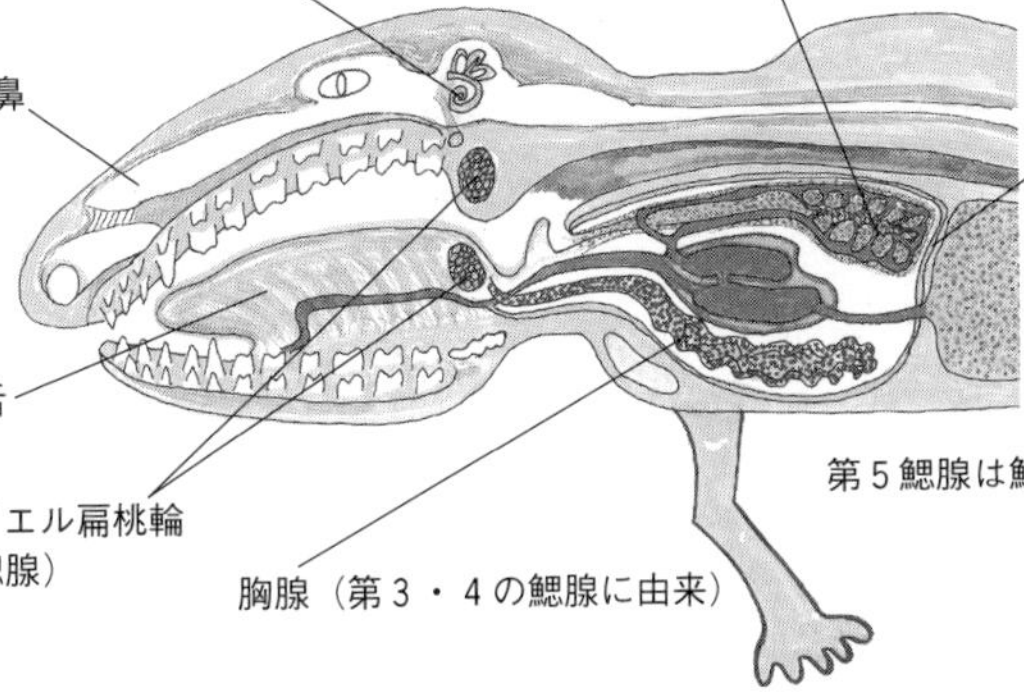

（西原原図）

ネコザメは心臓が大きく、胸骨部の鎖骨から食道まで、内臓を真二つに仕切っているため、頭進が続くと、時間のかかる造血器（肺と鰓の腺）などが慣性の法則で肛側に移動する。その時に、肛側に移動する器官は、すべて心臓周囲の囲心腔内へ入り込む。囲心腔の肛側底が横隔膜となる。また上陸で歯が釘植歯になる

が発生する。

個体発生では、胚葉《はいよう》がきれいに分かれて系統的に器官が形成される。外胚葉からは、「脳神経、皮膚、毛髪、眼、神経端末」が、中胚葉からは、「筋肉、骨、脈管心臓系、腎・副腎」が、内胚葉からは、「腸管内臓系」が発生する。

系統発生、すなわち進化では、鰓器と骨格しか変化しないから、この二種類の変容を関連づけながら病気を観察すると、病気の謎も自ずから解ける。

鰓器とそれに由来する器官、および鰓器関連器官の臓器は、密接に関連して疾病が発症する。また、皮膚に発生する疾患は、胚葉の同じ脳、眼、嗅神経、聴神経に特に関連性をもって発症する。

アトピー性皮膚炎で、進行性のものは、高率に眼の角膜や網膜や脳に、炎症を発症する。眼は、脳の突出したものである。耳は、第一鰓腺からできるから、呼吸器として扱わなければならない。上気道の鼻の障害は、聴器の障害を必発する。

鼻も耳も呼吸器の最重要器であるから、鼻の代わりに口を気道として使うと、喘息や肺気腫、気胸、間質性の肺炎、扁桃炎、耳鳴り、めまい、難聴などを発症する。

腎・副腎と生殖系も、原始形では鰓器に共存していたから、第二鰓腺のワルダイエル扁桃リンパ輪が口呼吸で傷害されると、腎・副腎、生殖系、泌尿系が損傷される。脳下錐体も、鰓器近傍の鼻《び》プラコード(原始脳に位置する鼻の原器)から発生するから、第二鰓腺がやられると種々の内科疾患を発症する。

人体の構造欠陥

脊椎動物の進化が、重力への対応を中心として起こっていることが明らかになれば、身体の使い方が、食物と酸素の溶媒のあり様によって大きく変わることが解る。

動物の行動様式は、呼吸と食物の摂取とそれらを消化・吸収し、代謝し、同化・異化・排出するという、大別して四種類の行動を中心としているからである。

人類をはじめとして、これら四種の生活様式に余裕のある種では、これに遊技を中心とした、いわゆる文化活動が加わる。食物の摂取のしかたで身体の形が決まり、摂食咀嚼のしかたで鼻の形から顔の形、歯の形までが変化する。

これは原始脊椎動物の段階ですでに生じている変化である。

ネコザメとドチザメの形の違いは、食物の摂取と、エサの物性の差による摂食法の異なりに起因する生体力学に主要因がある。骨格系の変容、すなわち原形からの逸脱は、重力を中心としたウォルフの法則を深く考察すれば、容易に逆計算でその力学要因が何であるかを推し量ることができる。

進化において骨格の変形が、生体力学で、反復性の主応力線方向と重力方向との合成で起こるのに対し、器官の変容は、狭義の生体力学を除いた物理・化学的刺激の変化に従って起こる「用不用の法則」に則った化生によって発生する。つまり進化は、質量のある物質の物性と、質量のないエネルギーによって起こっているということである。

こうして、鰓器が圧力センサーから、造血器、ホルモン産成の腺などの多様な器官に変化し、楯鱗のカルシウムが抜けて毛髪になるのである。真獣類のなかでヒトは際だって特殊な生活様式をもっている。

力学作用で形の進化が起こる訳であるから、身体の使い方次第で、身体の構造的欠陥も起こることになる。ことに人類は、直立二歩行と言葉の習得で、他の真獣類ときわだって特徴的な行動をとる。直立では、内臓の支柱となっている椎骨が、ほとんど梁《はり》の機能を失うため、内臓が重力作用で下垂しがちになり、結果として内臓物に消化管と生殖系の酸素不足をきたす。

元来、哺乳動物は、肺が囲心腔内に形成されるから、横隔膜で隔てられた腸管は、酸素不足となりやすい構造になっている。両生類・爬虫類・鳥類には横隔膜がなく、骨盤域にまで肺が入り、鳥ではさらに気管が内臓や骨に入るから、身体全体が酸素不足になりにくい。

重労働を余儀なくされる人類

人類においては、四〇〇万年前頃から始まった言葉の習得では、後鼻孔《こうびくう》の口蓋垂《こうがいすい》にはまり込んでいた喉頭《こうとう》が離れて、嚥下《えんげ》時に息が止まるように力学対応した。このために餅がつかえるようになってしまった。

犬や猫は、血圧九〇ミリ水銀柱であるが、直立のヒトは一二〇ミリ水銀柱ないと、頭蓋内の血圧が九〇ミリ水銀柱とならない。常時、過重労作のため、ヒトは心臓麻痺《まひ》が多発する。睡眠中に一二〇ミリ水銀柱の血圧が九〇ミリ水銀柱に下がると、成人では約一兆個の細胞のリモデリングがはじまる。骨休めをおこたると、このリモデリングの障害で、代謝性の疾患や血液の不調が起こる。成人で最低八時間、子供で一〇時間から一二時間の睡眠が必須である。

ヒトの体重は重いから、睡眠中の不良姿勢で、身体が自分の体重でつぶれて種々の障害が生ずる。顔のゆがみ、歯型のゆがみ、脊椎側彎《せきついそくわん》・前彎のほか、睡眠姿勢で長時間利《き》き腕を圧迫すると、神経と筋肉の関節が自重でつぶれてこわれ、しばしば腱鞘《けんしょう》炎を発症する。利《き》き腕を下にして寝るのが普通のためである。

また人類特有の文明の弊害として、冷刺激の中毒がある。胃腸を三六・五℃に保たないと円満な消化吸収ができず、腸内細菌と抗原性のある蛋白質が吸収されやすくなり、アトピー性皮膚炎を発症する。

これらの弊害から身を守るためには、重力エネルギーを制御し、左右の差をなくして両顎でよく嚙み、枕なし上向きのうえ、鼻呼《び》吸で眠り、一日の活動を一晩の骨休めでリモデリングをはかり、充分に疲れをいやすことが肝要である。

さらに、日頃より横隔膜呼吸に努め、ゆるやかな筋肉運動を続けて身体の呼吸をする必要がある。あまり交感神経を緊張させるスポーツは体によくない。副交感神経でゆるやかに呼吸をうながす程度がよい。


従来の進化論は、脊椎動物のみに限らず、植物からバクテリアまでごちゃ混ぜに扱い、一切の解剖学を無視し、器官も定義物質も、重力や光などのエネルギーを無視して、外形だけの空論をもて遊んでいた。

ここに記した進化論は、世界で初めて物質と器官の変容に基づく検証に立脚した重力対応進化科学である。

◀ホヤの群生
海底に付着して群生するホヤの珍しい写真。ホヤは脊椎動物のご先祖様とされている。「(1)革命の揺籃期」(五四頁)を参照

▶ラプカ
太古の形をとどめたサメ。「サメの陸上げ実験」(六〇頁)を参照

◀ネコザメの顔
ネコザメの顔はまるで哺乳動物の顔だ。「哺乳類型爬虫類のサメ」(六八頁)や「内臓頭蓋系〜ネコザメの咀嚼」(一一四頁)を参照

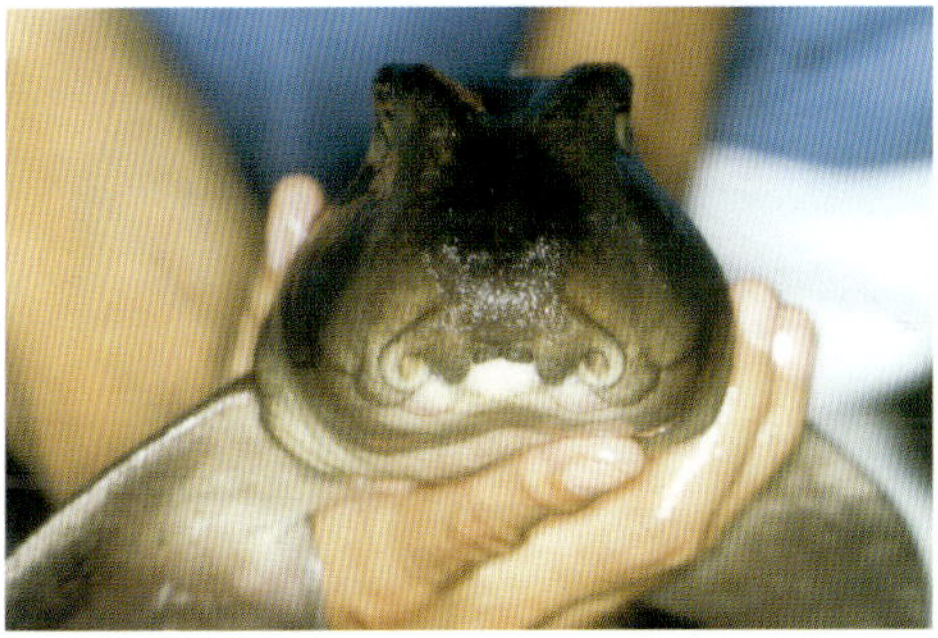

爬虫類系　　（西原原図）

進化の各ステージ（126〜127頁参照）

哺乳類系

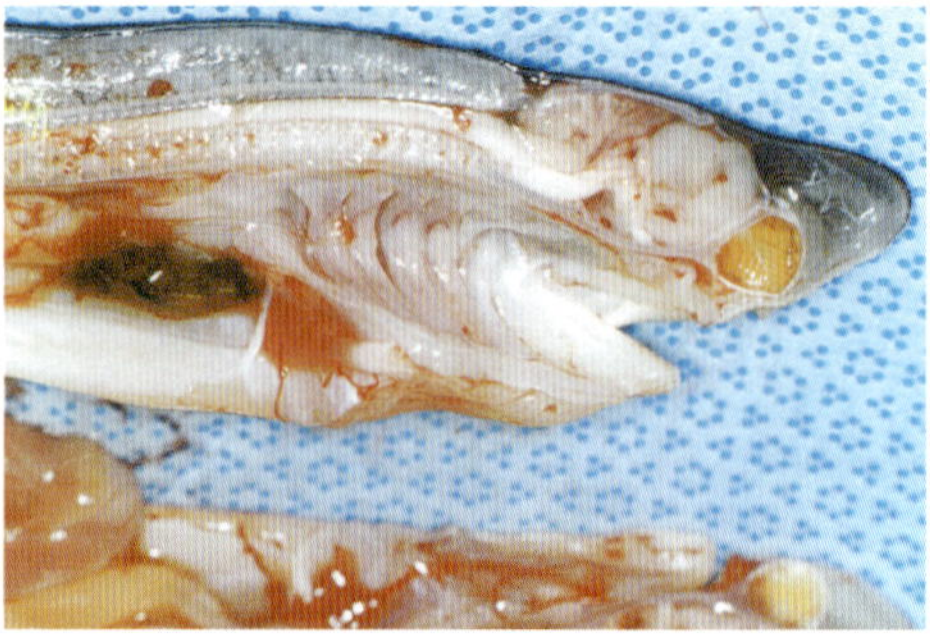

ドチザメの正中断

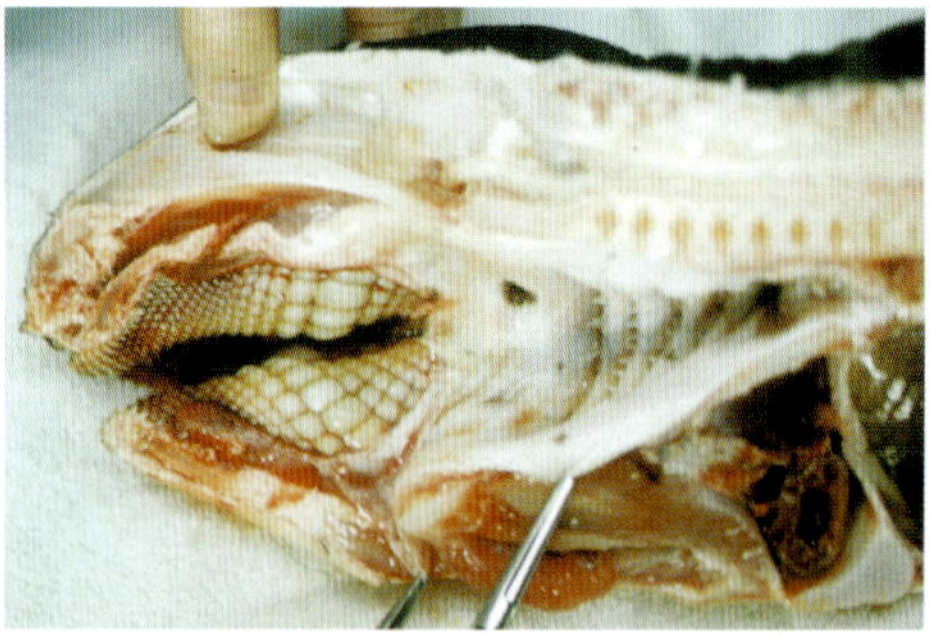

ネコザメの正中断

ドチザメはいわゆる普通のサメの体制をもっている。しかしネコザメは、三種の歯、鰓、心臓、囲心腔など、すでに哺乳類の体制をもっている。「内臓頭蓋系～ネコザメの咀嚼」(114頁)を参照

第三章　なぜ進化は起きるのか

Chapter.3

個体発生と系統発生の相関性

個体発生と系統発生との深い関連性に最初に気づいたのは、臨床医家出身の動物学者であるE・ヘッケル(E.Haeckel)である。

個体発生(Ontogeny)とは、受精後の卵の発生(development)のことであり、この学問を胎生学(Embryology)という。

系統発生(Phylogeny)とは、宗族の成り立ち、すなわち脊椎動物の進化の系統(みちすじ)のことである。

この二つが深い関連性をもつごとくに見えるということを、ヘッケルが発見し、これを学問とし、生命反復学説(生命発生原則)と命名した。ヘッケルの一番弟子のW・ルー(W.Roux)は、この現象の背後に、重力が本質的に関与すると考えて生命発生機構学を創始した。

もとよりこの学問は、脊椎動物学にかぎられる。脊椎動物の定義は、「骨化の程度にかかわらず骨性《こつせい》の脊柱《せきちゅう》を持つ脊索《せきさく》動物」であるから、この系統の動物の規定物質が、骨か軟骨かコラーゲンで、この系統を規定する器官が「脊柱」であることが、この定義からわかる。

結合組織にコンドロイチン硫酸が重層したものが軟骨で、これがさらにヒドロキシアパタイト(アパタイト)化したものが骨であるから、定義物質は、結合組織の主要マトリクスのコラーゲンまでが含まれる。骨化の程度にかかわらないためである。

定義には入っていないが、この系統の動物のもう一つの大きな特徴器官が、腸管《ちょうかん》による呼吸すなわち鰓《えら》呼吸か、その変容体の諸器官と肺呼吸システムである。

個体発生と系統発生の、形態学的に示される深い相関性の事実は、この系統の動物の進化過程で見られる形態的変容の姿が、個体発生において、事実として再現されるごとくに確認されるということである。

比較形態学手法によって、このことに気づいたヘッケルは、膨大な観察にもとづいて、そこに法則性のあることを発見し、生命反復説(Recapitulation Theory)ないし、生命発生原則(Biogenetic Law)を、経験則として一八六六年に提唱した。

ヘテロクロニーと組織変遷の研究

しかしこの学説は、ネオ・ダーウィニズムと相入れないため、また脊椎動物の「原初の革命」の段階が解明されていなかったために、二〇世紀にはまるで「うぶ湯をすてるついでに、赤ん坊まで捨てる」というような要領で否定されてしまった。

一方、ヘッケル自身がキリスト教の自然神学にもとづく目的論から脱却することができず、科学とキリスト教を両立させようと試みたからだ。このことが理由でこの学説が葬り去られるもととなった。

これが科学のもとに復活するには、分子遺伝学の進歩があった。スペインのアルベルヒが、ヘテロクロニー(Heterochrony)の概念の提唱によって「国際生物学会賞」(日本国)を受賞(一九九四)したことと、わたしが行ったライフサイエンスへの重力作用の再発見(一九九四)とを待たねばならなかった。

脊椎動物の定義と特徴器官が明らかになれば、生命発生原則の研究方法は、おのずと決まってくる。まず定義物質である骨格組織の変遷と、定義器官の脊柱の変容すなわち進化に関する研究を行い、ついで鰓器《さいき》の変容を詳しく研究すればよいのである。

右記のヘテロクロニーの考えとは、系統発生において起こった遺伝子重複の再現が、個体発生においても遺伝子の発現様式として起こるというものである。

それは発生初期の形態として体節形成の再現が起こり、これらのすべてが遺伝子発現の時間差によるとするものである。鰓腸《さいちょう》の移動も、ルドワランが示した通り、個体発生の時間軸にそって起こり、これも遺伝子の時間差発現による。

内臓頭蓋《ないぞうとうがい》の骨格は、内臓骨格すなわち鰓弓《さいきゅう》軟骨に源を発する。個体が、進化の途中で重力作用に対応した結果、咀嚼筋肉系が「鰓弓筋」に変容し、内耳《ないじ》は「第一鰓腺《さいせん》」、肺は「第六鰓腺」が変容したものである。

この観点から、各ステージの動物の個体発生を詳しく究明すれば、正しい進化の系統樹を究明することができる。

わたしの行ったのは、合成ヒドロキシアパタイトを用いた骨髄造血《こつずいぞうけつ》の発生のモデル研究である。これによって進化が、重力をはじめとする力学で起こることが明らかとなった。これで進化学の実験系を組むことが可能となった。

哺乳類の個体発生は、ヒトとラットの胎児のアトラスを用いて、鰓器の変容を詳しく追求した。爬虫類の個体発生は、アホロートル(メキシコサンショウウオ)の幼形成体《ようけいせいたい》を三〜五カ月かけた陸上げにより、約一億年かかって変化する鰓弓軟骨や心肺《しんぱい》の変化を、観察しながらこれらを比較すれば、正統な系統樹がおのずと完成する。

骨格系物質と動物種

骨格で多細胞生命体を分類すると大略次の五種類になる。
①骨・軟骨・コラーゲン骨格の脊椎動物
②キチン・キトサン骨格の節足《せっそく》動物と菌類・甲殻《こうかく》類・昆虫・寄生虫・キノコ類
③炭酸カルシウム系の軟体動物と棘皮《きょくひ》動物、口腸《こうちょう》動物、サンゴ、貝類
④セルロース骨格の植物
⑤珪酸《けいさん》系骨格の珪藻《けいそう》
このうち、個体発生が系統発生の反復を示すのは、脊椎動物のみである。これらの五種

類のうち、もっとも下等な珪藻以外は、ほとんど海中から陸に上がっているが、すべては海が干上がってやむなく陸に上がったものである。

みずからの意志で上陸すると考えるのはヒトの浅知恵である。これらの生命体には、元々目的もなければ、意志もない。従って他動的に強いられない限り、生活パターンはかえられないでのある。

上陸した四種類の生物のうち、水中と陸上で大きく体制が変わったのは、脊椎動物だけである。他の三種類の生物は、皮膚呼吸を行うもので、植物、昆虫、クモ、カニ、エビ、カタツムリ等は、すべてそのままの体制で陸上に上がっている。

形態学と用不用の法則と系統発生学

リンネの分類学に則って、脊椎動物を形態に従って並べて行くと、簡単な体制から複雑な体制に至るまでが、四つか五つのステージに分けられて哺乳類に至る。

リンネやキュビエは、キリスト教の自然神学の聖書の世界観に従って生命不変説を採用していたから、これらの種の違いは天地創造のはじめから神によって創られたものと考えていた。

一七九五年にモルフォロギア＝形態学(morphologia)を創始した詩人で有名なゲーテ(Goethe)は、動物には原型があり、それが変容して今日のヒトをはじめとする多様な動物が存在すると確信していた。

彼は、モルフォロギアの定義として、「動物の器官の命名と器官の形態変容の法則性の解明」と明記している。実際に彼は、ヒトの胎児の頭蓋骨《とうがいこつ》とサルの成体《せいたい》のそれとを比較する比較解剖学の手法を使って、ヒトにも他の哺乳動物と同様に顎間骨《がっかんこつ》が存在することを検証している。

ゲーテの形態学の創始を受けて、その一五年後に、観察術に基づいて形態の変容が「用不用の法則」によることを明らかにしたのが、前述のラマルクである。一八〇九年のことであった。

「用不用」とは体の使い方のことである。つまり、動物の進化がニュートンの万有引力の法則にもとづく力学の摂理に支配されることを究明し、脊椎動物の進化学として「用不用」の法則を樹立したのであった。

体の使い方というソフトの情報を伝えると、遺伝形質は同じままでウォルフの法則に従った形態の変化を伝えることができる。

そして変形に後追いして生殖細胞に起こる突然変異で遺伝子が変化する。これが分子進化であり、形態の変化がラマルクの用不用の法則である。わたしは、世界にさきがけてラマルク説を分子生物学的に解明した。

ゲーテとラマルクの合作とも見られる進化の法則性(進化学)とは、原型が力学の摂理に従って、時間の作用のもとに形を変化させ、今日の多様な動物へと発展したというものである。

生命発生原則

原索類《げんさくるい》から無顎類《むがくるい》、有顎類《ゆうがくるい》を経て、両生類、爬虫類、哺乳類に至る脊椎動物の進化の道を「系統発生学(phylogeny)」と名づけたのがヘッケル(Haeckel)である。

系統発生には、進化の五つの革命期がある。復習のつもりで述べる。

まず、翼鰓《よくさい》で捕食《ほしょく》を行う翼鰓類が、腸管捕食へと行動様式を変えると、腸管呼吸の原索動物のホヤが誕生する。革命の揺籃期《ようらんき》である。

次が原初の革命で、体節性の脊椎動物(ナメクジウオ=円口類)が完成する。

第一革命では、有顎類が誕生し、第二革命では、脊椎動物の上陸によって爬虫類が誕生し、第三革命で哺乳類が誕生する。

一方、ヘッケルは、脊椎動物の受精卵が分裂して、孵化するまでの発生の過程を、詳しく観察し、これを個体発生(ontogeny)と名づけた。種々の動物の個体発生を哺乳類に至るまで比較観察し、その結果をまとめて経験的法則性として「個体発生は系統発生を繰り返す」("Ontogeny recapitulates phylogeny")といって生命反復学説(Recapitulation Theory)または生命発生原則(Biogenetic Law)を提唱した。

脊椎動物の個体発生では、その初期には動物種に関わりなく共通の形を示す。共通して卵割《らんかく》が進むと、原腸胚《げんちょうはい》、神経胚、鰓腸胚《さいちょうはい》を経て、胚(embryo)が完成し、胎児(fetus)となり、破水《はすい》して出生して後にも成長し、最後に成体型となる。

初期のステージの原索類では、無体節性のおたまじゃくしから、体節のない成体が発生し、ついで、無顎類では、無体節性おたまじゃくしを経て、体節性のおたまじゃくしとなり成体が発生する。顎口《がっこう》類でも、無体節性原腸胚から体節性の神経胚を経て、原始脊椎動物型の鰓腸胚に変容し、それぞれ成体型となる。

両生類では、生後鰓《えら》呼吸から有顎型の成体となる。爬虫類、鳥類、哺乳類では、鰓呼吸から有顎型までを胎生期ですごし、成体形に近い形で、孵化ないし出生する。

この成体型が、系統発生の円口《えんこう》類(無顎類)、有顎類(軟骨魚類)、両生類・爬虫類・鳥類、哺乳類の四つのステージと一致しているのである。

しかし、原索類のホヤの成体型が、幼形と異なることから、脊椎動物の源の段階が、従来不明で混乱しており、このため二〇世紀にヘッケルが否定されてしまっていたのであった。

一連の研究で、わたしはこの原初の革命を、用不用の法則で検証した。個体発生と系統発生との相関性とは、脊椎動物が系統発生の過程でも、個体発生の過程でも、ともに無体節性の原索類の遺伝子重複により進化したことを意味する。これが前述の一九九四年に生物学会賞を受賞したスペインのアルベルヒのヘテロクロニー(Heterochrony＝遺伝子の時間差発生)の概念である。

反復現象の表現系(繰り返しの内容)と真正生命発生原則

「個体発生は系統発生を繰り返す」

という「Recapitulation Theory」でヘッケルは「繰り返す」という言葉を、彼の造語で「recaput」つまり「頭部」すなわち「内臓頭蓋」(鰓腸を含む)が繰り返すというラテン語をあてた。

形態的には、手や足、顎《あご》が進化を遡《さかのぼ》るし、無くなってしまうためと思われるが、実際には、形態系においては、①骨格系と内臓頭蓋系、②呼吸器系、③循環器系、④消化器系、⑤泌尿生殖器系、⑥骨格系が繰り返される。

このほか、代謝系においても、エネルギー代謝のチオールエステルの解糖系とピロリン酸エステルの呼吸系が繰り返され、窒素の代謝系も繰り返される。

また、骨髄造血の発生も、組織免疫系の発生も、高等動物でのみ繰り返される。

そしてこの発生過程の基盤となるのが、遺伝子発現系で、これも発生の時間軸に従って反復されるのである。

これら五つの表現形において個体発生は、系統発生を繰り返すことを明らかにした。こ

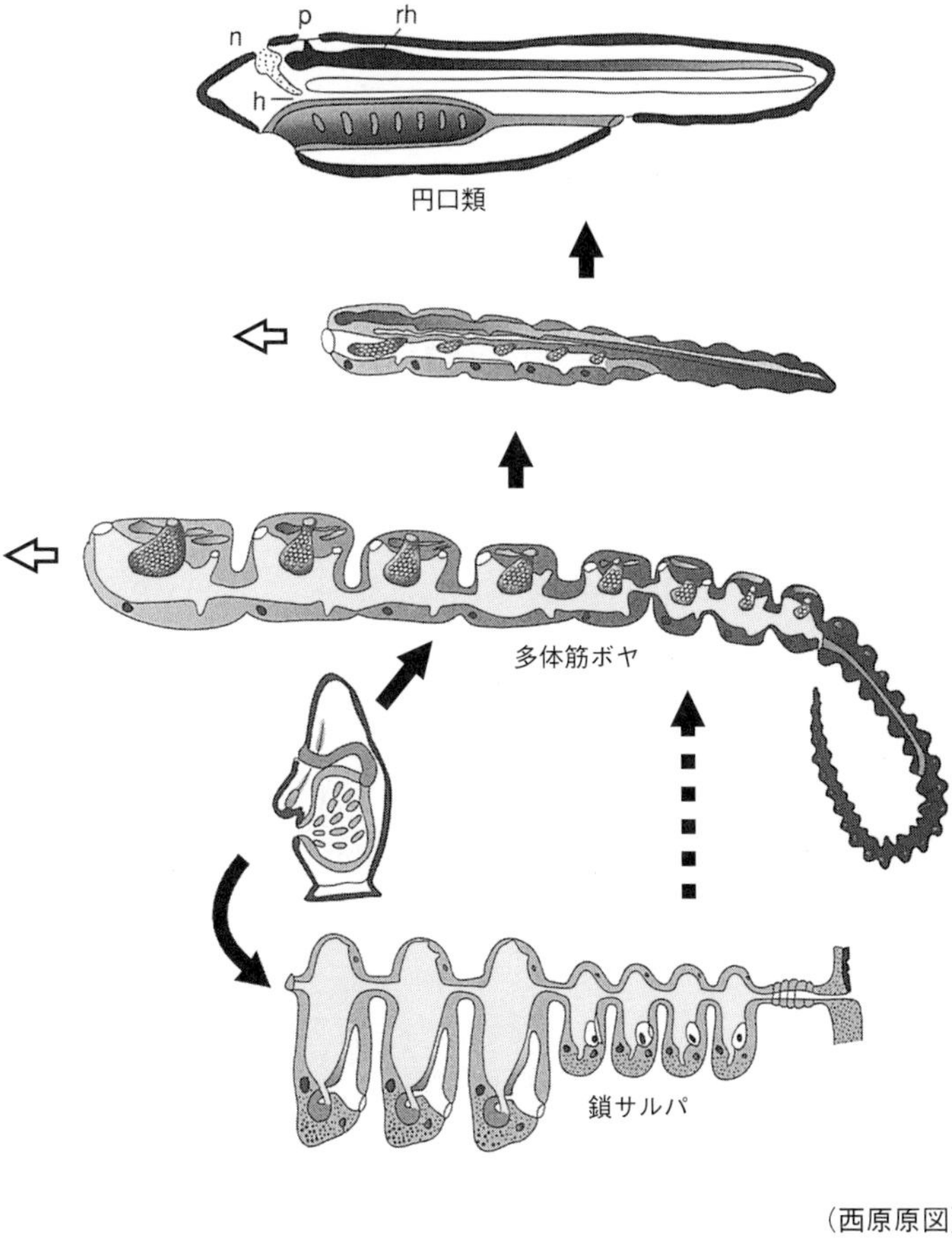

（西原原図）

ホヤから原始魚類へ

ホヤが遺伝子重複すると、１個体の鎖サルパ型の「多体節ホヤ」ができる。これが頭進すると、ナメクジウオ、円口類へと変容していく。これが原初の革命れをわたしは「真正生命発生原則」(Nishihara-Haeckel 1999) と呼んでいる。高等生命体の器官や組織の形態形成とリモデリングと機能の発現は、すべて遺伝子の発現によることが明らかである。ここでは、形態系を中心として述べよう。

形態系の再現

個体発生において、形態系が正確に系統発生を再現するとすれば、哺乳類と両生類・爬虫類・鳥類は、肺呼吸の成立前に、哺乳型爬虫類と両生類型爬虫類&鳥類の二種類に分岐しているはずである。

なぜなら、哺乳類の個体発生の過程で観察される、器官の発生と変容の様子は、爬虫類系における聴覚伝音系骨格、及び内臓頭蓋咀嚼系と心肺の形成のしくみが全く異なるからである。

爬虫類の聴器と顎舌《がくぜつ》筋肉系と心肺は、すでに哺乳類のそれらのシステムには変化しようがない方向に変容している。従ってここで、多細胞動物の器官分化の原型を考えてみよう。

器官の形態的・機能的分化は、すべて遺伝子の発現によって達成されるが、多細胞動物を構成する未分化細胞は、すべて受精卵と同じ遺伝子をもつ。

つまり脊椎動物の原型は、単細胞の原生動物に求められるのである。単細胞の原生動物が獲得し、保持した細胞小器官の機能は、すべて遺伝子に保たれているが、多細胞のヒドラが成立したときに、遺伝子の一部の機能が細胞性に機能分化し、さらに原索動物が成立した段階で、器官に分化し組織化したにすぎない。

従って、原索動物の感覚器官系、中枢神経系、呼吸器系、消化器系、血液・脈管・循環系・筋肉・骨格系および遺伝子系(ゲノムの重複)が、どのように変容を遂げるかを正確に比較観察すれば系統樹の謎が解けるのである。

遺伝子系とホヤの体節化

まず、遺伝子ゲノムサイズについて述べる。

無体節性のホヤのゲノムサイズは六で、ナメクジウオは一七、ヤツメウナギは四〇、メクラウナギは八〇、シーラカンスは九〇、哺乳類は一〇〇で、肺魚《はいぎょ》は一五〇〇、両生類は三〇〇〇である。

これらのゲノムサイズから考えると、ホヤが三回、遺伝子重複してナメクジウオに類した動物が出現し、それがさらに三回遺伝子重複してヤツメウナギに類した円口類ができる。これがさらにもう一度、遺伝子重複すると、メクラウナギやシーラカンスができる。ナメクジウオ型の動物が五回遺伝子重複したものが哺乳類となる。

ここで無体節のホヤが、体節動物に進化する過程を解説する。脊椎動物は、体節をもつ。脊柱は、哺乳類の身体のすべてを通して残る唯一の体節構造である。体節のない脊索動物が、脊椎動物の源・ホヤである。

そのホヤの幼生は原索類で、尾部に索《さく》があり、ウロコルダータ(尾索《びさく》類)と呼ばれている。ホヤが群体となっている「群体ボヤ」の一種に「鎖サルパ」がある。

体節のないホヤが、遺伝子重複してサルパ型の一個体ができ、これが頭進すると各構造が連続して個体を形成する。これが体節動物のはじまりである。

この体制で、脊索と腸管が連続した原始体節動物が、ナメクジウオや円口類(無顎類)である。受精卵の遺伝子重複や二倍体、四倍体は、温度の急変動で簡単に起きることが知られている。

原索類の内臓骨格は、鰓の部分にしかない。消化管は、管だけで内臓骨格がなく、ゆるやかに脊索にぶらさがっている。それで円口類から上位の動物は、すべて内臓骨格が鰓腸《さいちょう》弓《きゅう》のみしかないである。

体節化したホヤが頭進すると、酸素を含んだ空気がエサとともに口から入ってくる。サルパ型のホヤの腸は連続しているが、最初の七、八個体の腸は、もっぱら酸素を取り込み、食物はフリーパスで流す。

従ってここでは、用不用の法則で、消化管の腸が退縮して、呼吸の鰓腸のみが発達する。こうして、呼吸部分の腸が七つ連続して、一本の管となって側方に七個の鰓孔《えらあな》を開き、鰓腸を形成する。この部では、ホヤの胃腸部分が退縮して連結路となる。

鰓腸に続く腸管は、もはや酸素がないために用不用の法則で、ホヤの鰓部が閉鎖して消化管部分だけがつながって腸管となる。消化する物がなくなると肛門ができる。消化管の最後端部の肛門以後は、腸管がすべて閉じて脊索のみとなる。

従来もっとも大きな謎とされたのは、脊椎動物の原始の革命における無体節動物から体節動物が発生する過程であったが、わたしの研究で、現代分子遺伝学と生体力学的と用不用の法則により解明され、ヘッケルの生命発生原則が否定された根拠が、ようやくにして克服された。

次に、形態学を中心に、個体発生と系統発生の反復性を追い、さらに代謝系と骨髄造血系、および組織免疫系の発生について述べる。白血球造血系の発生という同じ現象の異なる側面を分けて見ているだけであるからここでは一括する。

骨格の系統発生と個体発生

遺伝子ゲノムの次に骨格の発生について述べる。

原索類のホヤには、軟骨性の三錘状のホヤの棘《とげ》(楯鱗《じゅんりん》)がある。つぎのステージの体節化したホヤと考えられる円口類には、この軟骨のうろこ(楯鱗)がなくて、硫黄を含む強靱な皮膚がある。

円口類では、ホヤのうろこは軟骨性の皮歯にうけつがれる。たぶん太古の軟骨性の皮歯のある無顎類が、古代ヤツメウナギ(甲皮類《こうひ》)の段階で、それがアパタイト化したものになり、その後に楯鱗を失うものと、アパタイト化するものとの、二種類のヤツメウナギ(円口類)に分かれたのであろう。

この軟骨性の皮歯《ひし》をもつ無顎類が、頭進を続けていると、エネルギー代謝が活発化しチオールエステルによる好気的代謝が、ピロリイン酸エステルによる好気的代謝に代わり、軟骨を形成していたコンドロイチン硫酸に、リン酸カルシウムから成るヒドロキシアパタイトが重層する。

そして、アパタイトの歯と楯鱗をもち、軟骨の顎と脊柱をもつ棘魚類《きよくぎよ》が誕生する。棘魚類の子孫が軟骨魚類のサメとエイである。原索類には、内骨格はないが無顎類の円口類になると、コラーゲンと軟骨から成る内骨格ができる。

内臓骨格が鰓弓にあり、これが鰭とつながる。幼形のまま成体となっているアホロートルを、人為的に水を減らして陸上げすると、爬虫類の孵化に相当する鰓腸胚から有顎《ゆうがく》の爬虫類形の成体への個体発生を、時期おくれにゆっくりと観察することができる。

この時に、六本の鰓弓が癒合して、二本の舌骨《ぜっこつ》となり、舌《ぜつ》が形成され、顎骨《がっこつ》も口の構造も聴覚系も劇的に変化する。

後に上肢となる胸びれと、下肢となる腹びれが、それぞれ内臓骨格の囲心腔《いしんくう》と骨盤につながり、前者がエサと酸素を取り込む鰭となる。後者が腸管から吸収され、造血系として体中を循環し、代謝されて老廃となった泌尿と、血液の余った栄養の性殖物質と腸管の不用物質を排出する。

サメの胸ビレは、心臓を囲む囲心腔軟骨につながっており、胸鰭を動かすと心臓が動くようになっている。ヤツメウナギの鰓を囲む骨格は、そのままサメに受けつがれているのである。アホロートルの囲心腔を形づくる軟骨も、サメと同様に心臓の前の鎖骨《さこつ》として、左が腹側に右が背側に鎧のように重なる。手を動かすと、心臓が動くようになっている。

爬虫類と哺乳類を分けるもの

哺乳類では、囲心腔に肺が入るため、この骨は頭側に押しやられて、心臓から遠くはなれた鎖骨となる。これは胸郭《きょうかく》を形成する骨で、唯一内臓骨格由来の骨となる。ドチザメの鰓弓骨は、爬虫類では正中《せいちゅう》で癒合して、舌《ぜつ》を形成し舌骨となるが、ネコザメでは外側に一列に並び、舌は頸直筋がせり出して形成され、鰓弓筋が咀嚼を行う顎部の筋肉を形づくる。

聴覚伝音系の骨も鰓弓軟骨からできるが、哺乳類のものは爬虫類系から進化する機構がないから、陸に上がる前からこの系統は別と考えるべきである。哺乳類での伝音系の「つち・きぬた・あぶみ」の三つの聴骨は、爬虫類では伝音が「あぶみ骨」のみで、「つち」と

「きぬた」は伝音と無縁の下顎や上顎の一部を形成する。

二生歯性の三種の異形性歯から成る哺乳類の釘植歯は、爬虫類では、厳密に多性歯性の同形歯で、骨性癒着歯であり、例外的に、ワニだけが多性歯にもかかわらず、同形歯の槽《そう》生《せい》の釘植歯となっている。顎骨も、爬虫類は関節骨が根本的に哺乳類と異なり、舌の形成も異なる。

肺芽は、爬虫類では鰓弓が集合してできる舌の根本、すなわち舌根《ぜっこん》部から心臓の囲心腔の背側に接して尾側に伸び、食道を背側に横切って骨盤まで達するから、横隔膜《おうかくまく》が形成されることがない。従って、胸郭が無くて、首から尾側が、肺と胃・腸と肝臓とつながる心臓を含む腹腔となる。

哺乳類型の爬虫類(後に哺乳類となる)では、肺芽は、頸直《けいちょく》筋がせり出してできる舌の根本に向かって、食道を腹側に横切って伸展し、囲心腔の中心に入るから、囲心腔の尾側底が横隔膜となる。胸郭は、囲心腔の外側膜が胸膜となり、心臓と肺をおさめその外側の背側に食道が通る。

内臓頭蓋系〜ネコザメの咀嚼

頭蓋を形成する眼と鼻と耳は、脳の突出部分であるから、厳密には「神経頭蓋」であるが、進化の過程では、鼻は気道に変容し、聴器は鰓器《さいき》に統合されるから、ともに内臓頭蓋を構成することになる。
鰓《えら》は、原索類の成立前の苔虫《たいちゅう》類では、触手の皮膚すなわち外胚葉《がいはいよう》に由来する。原始脊椎動物のサメでは、鰓にこまかい皮歯の楯鱗があるから、鰓が外胚葉由来であることがわかる。外鼻の皮膚も歯も、皮骨由来の顎骨も、鰓器と同じ外胚葉系なのである。

これに対して、聴覚伝導系骨格の聴覚伝音骨格は、内臓骨格の鰓弓骨に由来する。哺乳類の胎児では、ヒトがもっともよく研究されているので、発生過程の胎児の外鼻の形をヒトで見て、これに相当する原始脊椎動物をさがして見よう。

ちなみにこのような研究の仕方を、わたしは「臨床系統発生学(practical phylogenetics)」と名づけている。

受胎後三二日目のヒトの胎児と、ネコザメ(Heterodantus japonicus)は、外鼻の形のみならず、口を構成する各パーツまですべてが一致する。このサメの歯は、その学名が示す通り「Heterodontia」で三種類の異型歯がある。

サメの歯は、皮歯楯鱗の食物に対する力学対応で特殊化したものである。楯鱗は、サメの皮膚の部位や鰓・顎の部位で、水流や水圧・食物等への力学対応で型が変化する。

このように軟骨魚類の歯も硬骨魚類の歯も、ともに常食物の力学的物性により歯の型が変化する。ネコザメの常食物は、甲殻類や貝類すなわちエビやサザエであり、このサメは、これらを嚙み砕き咀嚼に近い運動をする。

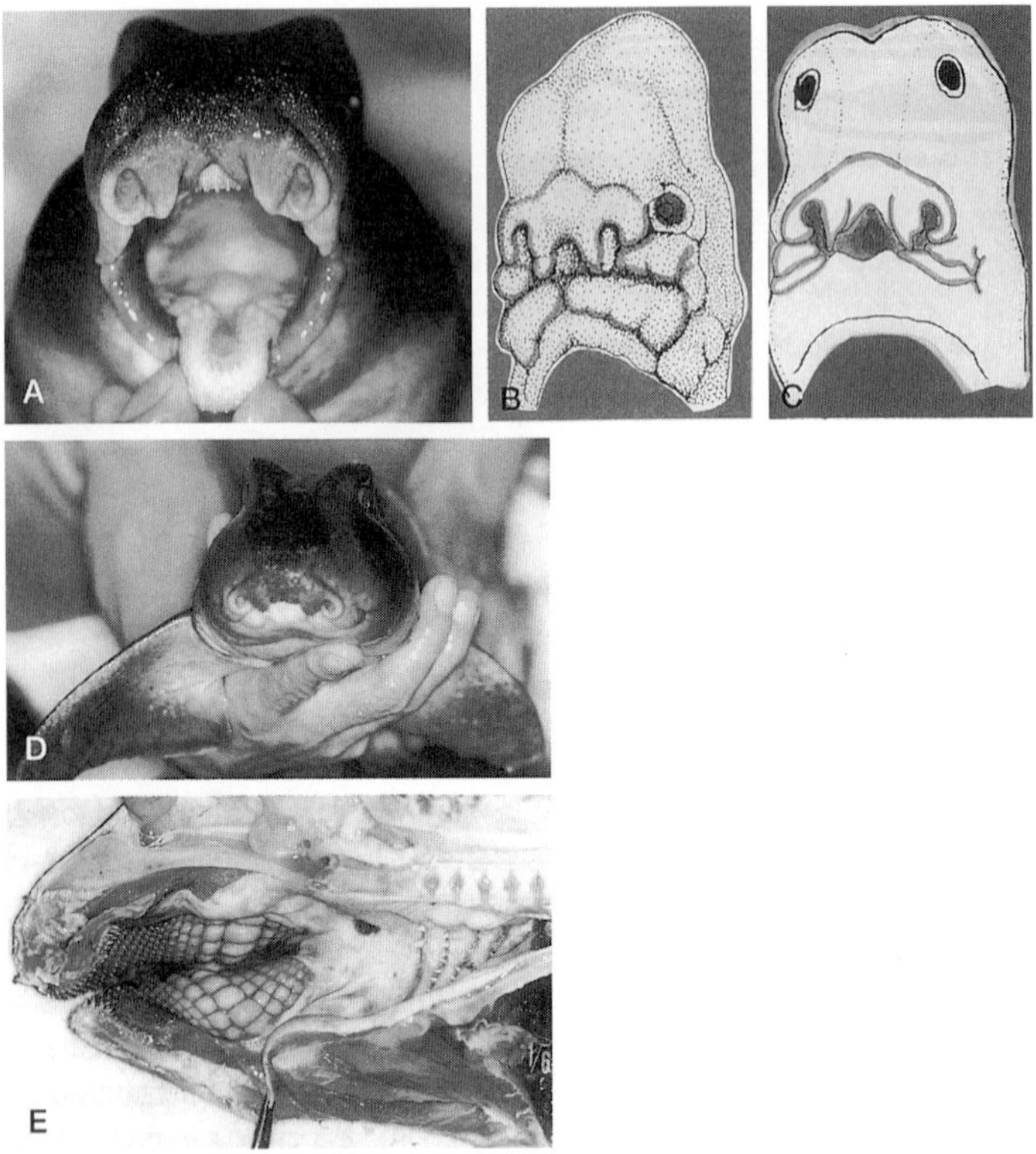

ネコザメの顔と体はまるで哺乳類

A　ネコザメの仔の顔と口
B　35日目のヒトの胎児の顔（三木成夫原図）
C　ネコザメの成体の顔。ヒトの胎児の顔の外鼻・口の構造がみごとに対応している（西原原図）
D　ネコザメの成体
E　ネコザメの解剖写真。上下の顎を覆っているのは瓦状の歯。まさに哺乳類の歯をもつサメである前歯部が鋭いサメの歯(切歯《せっし》)で、臼歯《きゅうし》が瓦状で、切歯と臼歯の中間に円錐歯(犬歯)がある。これは哺乳類の三種類の異型歯に一致する。外鼻型も歯も、哺乳類のみに存在する特徴と一致するから、このサメが哺乳類の原型といえよう。

これに対してドチザメの鼻の型と歯は爬虫類型である。歯は同型歯性である。鰓弓が集合して、鰓孔《えらあな》が閉鎖し、舌が形成される。爬虫類では、鰓弓筋が舌筋を形成するから顔がこちこちでほとんど表情筋がない。

これに対してネコザメは、鰓弓が舌《ぜつ》を形成しないで、頬筋を形状し、エサには貝や甲殻類の噛み砕きを行う、心臓も形が異なる。耳小骨も、爬虫類型から哺乳類型への進化はあり得ない。つまり爬虫類と哺乳類は上陸前から系統が異なるのである。

今日、哺乳類は、いわゆる爬虫類から進化した系統ではないとされている。爬虫類も哺乳類も、ともに祖先型の羊膜《ようまく》類から分岐するからだ。羊膜類が成立すると、いち早く卵を生む単弓類が分岐し、これが後に哺乳類となる。一方、爬虫類・鳥類は、羊膜類の単弓類が分岐した後に分化したとされている。しかし一連のわたしの研究により、実際には単弓類の成立より前の軟骨類の段階で分岐することが形態学的に検証された。

心肺の発生

肺と心臓の発生について一括して述べる。

アホロートルの肺の発生と、哺乳類の個体発生を比較すると、前者には、横隔膜《おうかくまく》がなく、後者には、発生の最初に、肺が囲心腔に入ると、その尾側底《びそくてい》が横隔膜となる。従って、爬虫類が進化して哺乳類が誕生することはあり得ないということになる。ドチザメが、爬虫類型の外鼻と歯と舌をもったことや、ネコザメが哺乳類型の外鼻と歯と舌と頬部をもつことは、すでに述べた通りである。

つぎに心臓を比較すると、ドチザメの心臓は、鰓の後端に位置して小さい。アホロートルでは、心臓の周囲の囲心腔の背側に接して、気管が肺までのびて、肺が食道を背側に横切って尾側に骨盤まで至る。これをわたしは、実験進化学的手法で検証した。

実験進化学的手法というのは、進化が重力をはじめとする力学というエネルギーで起こることから開発した研究手法である。現生のあらゆる動物に、進化で観察されるような力学負荷をかけると、進化の過程で発生するシステムや機能を、異所性(本来その場にはないもの)ないし異種性(本来その種ではもっていないもの)に、人為的に発生させることができるのである。

ドチザメとネコザメを、強引に人為的に、毎五〇分くらい連続して九日間、海水から陸上げして、体の構造の変化を観察すると、何が起こるかがよくわかる。

ここでラブカとドチザメ、ネコザメの鰓の形を比較してみよう。力学刺激の変化は、系統発生においては形の変化として残る。例えばラブカの鰓は、ほぼ同じ大きさで六対あるが、ドチザメやネコザメでは、一番目の鰓孔が小さくなり、スピラクル(spiracle＝空気孔)となる。

これは、デボン紀にかなり長期に、空気呼吸せざるを得なかった時期があったことを物語っている。このような力学環境変化がなければ、ラブカのように形態の変化が何億年も起こらないはずである。従って一日に五〇分くらいの陸上げは、ドチザメもネコザメもなんともないのである。

鰓による空気呼吸の回数は、海水から出すと間もなく激減する。空気には、酸素が二一％あるのに対して、海水には酸素は一％しか溶けていないからである。

ネコザメでは囲心腔の尾側端の内膜と外膜の間に、左が小さく右が大きい含気性《がんきせい》の嚢《のう》が形成される。ここに鰓の呼吸粘膜が連続すると、この嚢が肺となるのである。含気嚢はたぶん、呼吸運動の活性化(二〇培近い)で、血液から酸素と炭酸ガスが囲心腔内に排出されるためと考えられる。

これに対してドチザメは、囲心腔には変化なく、囲心腔と両側の鰭との間に含気嚢が形成される。この含気嚢と鰓が接している。この含気嚢に、鰓の呼吸粘膜がつながったと考えられる。

アホロートルに見られるように、両生類・爬虫類・鳥類は、胸部・腹部の境がなく、肺と内臓は共存している。肺の酸素と造血を行う内臓や骨とは、電気的に力学的に引き合う力があると考えられるが、その結果、造血を行う内臓や骨に、一部肺が含気囊として入り込む。

これに対して、哺乳類では、肺は囲心腔に入る結果、胸部には心臓と肺と食道しかない。腹腔《ふくくう》とは、囲心腔の尾側端の筋膜《きんまく》から発生する横隔膜で堺される。

陸上げしないネコザメの囲心腔には含気囊がない。横隔膜の支配神経は、囲心腔のそれと完全に同じで、心臓の迷走神経と鰭につながる神経と頸直筋《けいちょくきん》につながる舌神経とも、頸神経叢でつながっているのである。

従来、謎であった横隔膜の発生は、この研究で解明された。横隔膜の形成という哺乳類のみの器官発生の点からも、ネコザメが哺乳類の原型であることが検証された。

骨髄造血系と組織免疫系の発生

水から陸に上がって、地球の重力一Gにさらされる時、水呼吸に慣れている原始脊椎動物は、はじめ空気呼吸を知らないために窒息しそうになり、びっくりしてなんとか水に戻ろうとして大あばれする。

当然、血圧が上がるが、そうすると、鰓にわずかに残る海水を介して、空気呼吸が可能となる。実際実験進化学手法で、ネコザメやドチザメを陸に上げると、すぐに陸で空気呼吸に慣れる。

そして血圧を維持できるようになれば、ネコザメでは、鰓の周囲にネバネバの粘液を分泌して、いつまでもまるで犬のような姿勢で、鰓で空気呼吸を続けるのである。そのためか、ネコザメは英語で「dog shark」と呼ばれている。ネコではなくイヌらしい。

この時、血圧が一定以上に上がると(サメは一五〜二〇ミリ水銀柱の血圧)、内骨格の軟骨膜に接する毛細血管の血液が増える。その結果、流動電位が上昇する。そうすると軟骨を作るゲル状の軟骨芽細胞の遺伝子の引き金が、この電位で引かれてサイトカインのＢＭＰを作りはじめるのである。その結果、軟骨が造血と共役しつつ硬骨化し骨髄腔を形成する。

このように自動的に、局所の論理で、骨髄造血が発生すると、白血球の膜の性質も変化し、主要組織適合抗原(ＭＨＣ。ヒトではＨＬＡ)が発生する。

水が空気に変化すると、鰓の呼吸粘膜は、それぞれ勝手に、遺伝子の引き金が空気刺激で引かれて、自動的に第一鰓腺《さいせん》は内耳に、第二鰓腺がワルダイエル扁桃リンパ造血器に、第三・第四の鰓腺が頸洞《けいどう》に。第五鰓腺が胸腺造血器に、第六鰓腺が肺に変容する。

科学の仮面を被った目的論

従来の進化論は、すべて二〇〇〇年前のアリストテレスの目的論、ないしキリスト教自然神学の予定調和説の亜流の考えで論じられていたから、科学として何が何だかさっぱり訳がわからないものであった。

科学思考とは、因果律に則《のっと》った、錯綜する現象の背後にひそむ法則性の究明のことである。訳のわからないという典型的な例が、軟骨の硬骨化で、それに伴う骨髄造血の発生が、さしもの目的論的にも意味不明となっていた。

軟骨魚類が淡水に入ると、塩類を体内に保持するために、軟骨が硬骨化し、淡水からさらに陸を目指すと、鰭が足になることになっていたのが、従来のNHKの番組による進化の説明である。

それではニカラガ湖の淡水のサメはどうなっているのだろうか。ニカラガ湖は、元々入り江であった海の出入り口が、数千万年前に火山の噴火で塞がって海水湖となり、長い間に塩類がぬけて淡水となったのであるから、当然この淡水ザメは海水ザメと同様に皮歯の楯鱗がアパタイトで、内骨格は軟骨のままである。

NHKの番組の論法でいけば、淡水になれば塩類を貯めるために、自然と硬骨化するはずであるが、そうはならないのは、目的論思考(アリストテレスの時代の考え)が、自然現象は目的論という神の超自然的な力のせいにして自己主張するヒトの浅知恵から生まれたものなので、自然界の法則はこれとは無縁であるからだ。

原因が無ければ起こらなのが因果の理法で、自然界のすべてはこれに則ってのみ発生する。だから陸を目ざしただけで、鰭は足になるはずはないし、淡水に入っただけでは、軟骨が硬骨化することなどはあり得ないのである。

上陸で何が起こるのか

軟骨が硬骨になるには、それなりの原因がなければならない。その原因が系統発生の脊椎動物の第二革命の上陸劇にある。上陸においては「作用因」として大略、二つの物質が作用する。

一つが、質量のないエネルギーの重力作用で、もう一つが、質量のある物質であり、呼吸に必要な酸素を溶かす溶媒である水が、気体の空気に変わることである。

水中でも地球の一Gは物体に作用するから、正確には、水中で浮力に相殺されて六分の一Gとなって、生命体自身に自重が作用する重力の影響が、地上では一Gとして生命体自体に作用して、自重で血の循環が障害されることが重力の作用である。

一回の鰓呼吸で、水から取り込まれる酸素の量は非常に少ない。海水に溶けている酸素がわずかに一%だからである。溶媒が水から空気に変わり、酸素の含有量が二一%に増えると、一回の鰓運動で、鰓に残っているわずかな海水を媒介として、体に入ってくる酸素量は飛躍的に増大する。

一方、水と空気では、液体と気体であるから、生命体を取りまく環境因子として本質的に違いがある。すべての生命体は、質量のある物質のうち、水溶性の固相・液相・気相のコロイドからなる固溶性で成立している。従って海水中ないし淡水中の生命体は、水に溶けている物質とは、電気的にも、エネルギーに対しても、浸透作用に対しても、外界と連続性が保たれている。

これに対して、空気の環境では、気体とエネルギーと自身の水の分泌以外には、外界とは水ほどに連続性がない。鰓呼吸運動と体の周囲から、直接に入ってくる水がなくなると、口から常に水を飲んで補給しないと、体から水が蒸発してひからびてしまうのである。

両生類で常に水辺に生きている種では、体表の水にぬれた皮膚で、勝手に呼吸細胞が化生して酸素による造血をはじめる。ゼノプスは呼吸の五〇%を皮膚呼吸でまかなう。この化生は、呼吸粘膜の移動ではなくて、酸素による皮膚の細胞の遺伝子の引き金が引かれる造血機能の発現による。

体を構成するすべての未分化細胞は、あらゆる器官に分化できるだけの遺伝子をすべて保持していることを忘れてはならない。ちなみに、ヒトの皮膚呼吸は、わずかに〇・五%をまかなう程度のものである。

脊椎動物だけが再現する

脊椎動物の個体発生では、海水中の発生と、それにつづく上陸劇は、羊水《ようすい》中の卵殻《らんかく》内と母胎内での胚《はい》(embryo)の発生と、羊水が無くなり胎児(fetus)が完成し、孵化《ふか》ないし破水出産の時に再現される。これは脊椎動物だけである。

サメの陸上げ実験を長期に続ければ、内骨格の軟骨の一部が骨化して、骨髄造血が発生するはずであるが、実験が困難なので、アホロートルの幼形成体を陸上げして、骨格の変化を観察すれば、サメの代用の実験進化学研究が可能である。つまり陸上げをすると、心臓と軟骨格が劇的に変化する。

皮膚呼吸を行う甲殻類や昆虫、カイ類の軟体動物や植物は、体制をほとんどそのまま保持した状態で上陸している。これは陸を目ざしたというように意志して上陸をはたすのではなく、水が干上がってやむなく取り残されて上陸したものが大半なのである。

しかし脊椎動物だけは、胎生期に羊水の中で育ち、そこから出てくるのが、上陸劇と同じ生体力学作用であるから、それで個体発生と系統発生が繰り返されるようにみえるのである。これは脊椎動物のみが腸管呼吸を行うためである。これが個体発生が系統発生を形態的に繰り返すごとくに見える理由である。

臨床系統発生学

わたしは、ヘッケル(Haeckel)の理論を、事実にもとづいてリバイバルし、真正発生原則(Nishihara-Haeckel)とし、これを臨床にあてはめて、臨床系統発生学(Practical

脊椎動物の上陸〜哺乳類と爬虫類の分かれ道（西原原図）

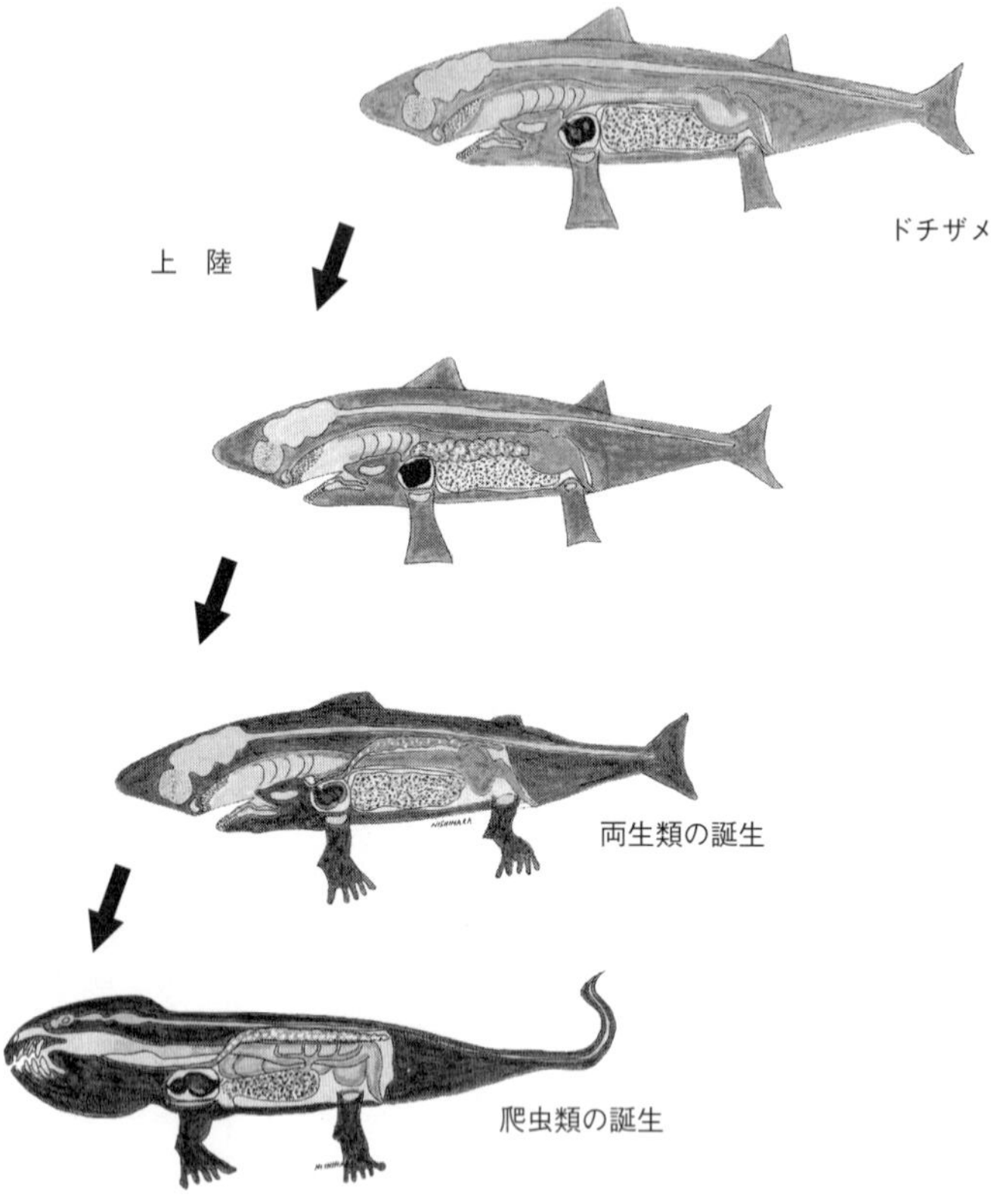

爬虫類型両生類に進むドチザメの系譜〜ドチザメが上陸すると、爬虫類型の動物になる

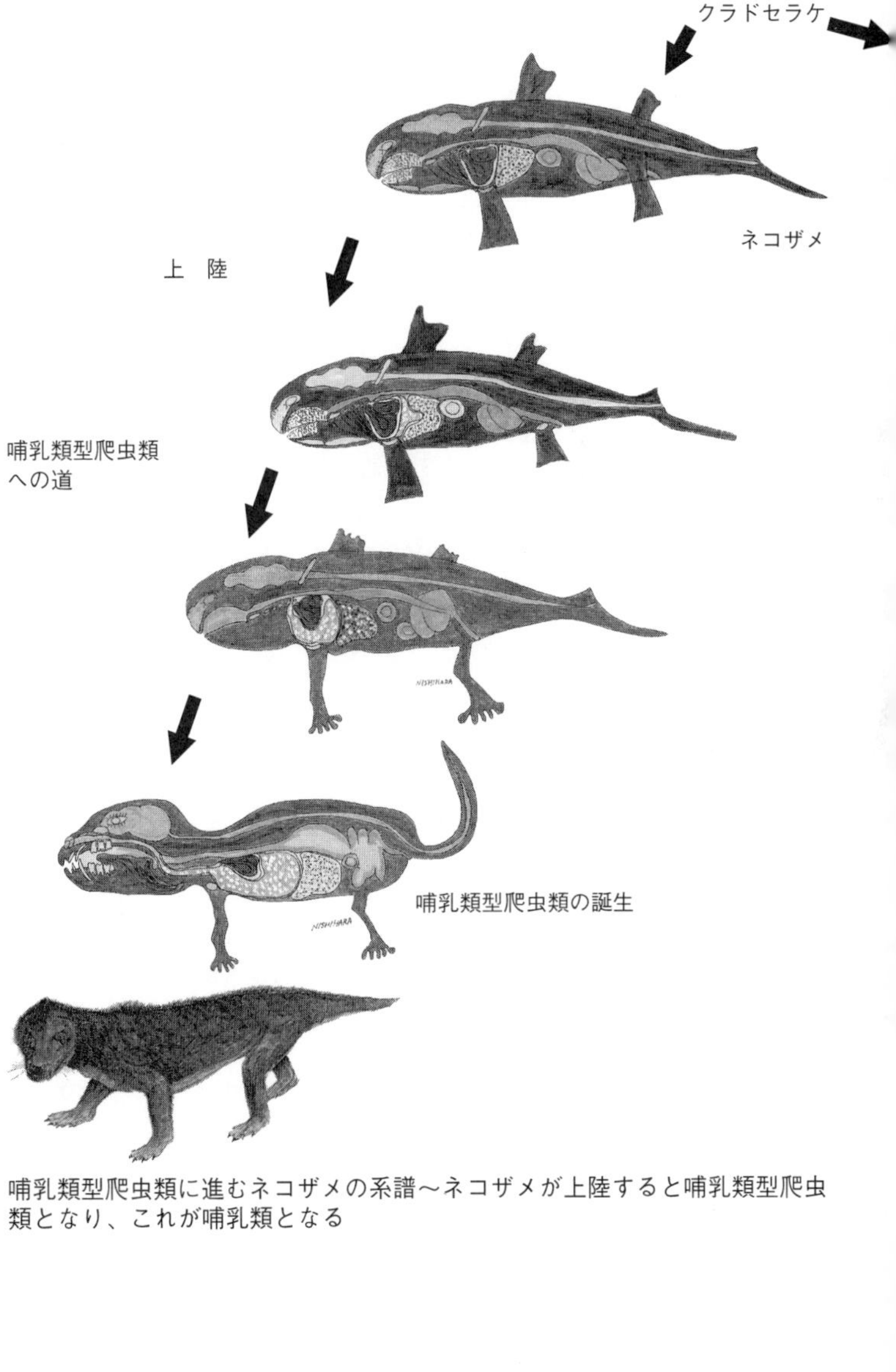

哺乳類型爬虫類に進むネコザメの系譜～ネコザメが上陸すると哺乳類型爬虫類となり、これが哺乳類となる

Phylogenetics)を創始した。

母胎の腹腔内の三一〇日間の胎児の世界の母体環境とは、脊椎動物の五億年の地球環境に相当する。ヒトでは、受胎後三二日から三六日の六日間が、デボン紀の数千万年に相当する。

この時に、実際の水の干上がりによる、過去の陸への置き去りと同様に、胎児は息もたえだえにもがく。母体の過労や骨休め不足による造血系の疲弊で、胎児に内臓奇形を容易に生ずる。これがしばしば古代魚アミアの心臓に分化する。

代動様式(もがき苦しむ仕方のちがい)によって、同じ遺伝形質で形が変わるのが脊椎動物の進化様式であり、個体発生の様式でもあるためである。真正発生原則で示したように、進化の高度化されたプロセスは、本当に個体発生で再現されるのであるから、ネコザメのように、ヒトの胎児から逆計算のように現生動物をさがせば、哺乳類の源も明らかとなる。

これも臨床系統発生学である。また発生の由来の同じ系統に発症する疾病の相関性を追って、有効に治療をほどこすのも臨床系統発生学である。勉強次第で誰でも、全身疾患を扱うことのできる名口腔科医(Arzt von Arzte)になることができる。

単細胞動物と多細胞動物と重力作用

地球をはなれた宇宙空間では、地球の引力の作用が弱くなる。この状態を、微小重力環境という。この環境の宇宙船内に、空気を入れて一気圧に加圧すれば、水は水分子間に働く引力で球状になる。この球では、分子間引力しか作用しないから、水圧なるものはほとんど無視できるほどにかぎりなく小さい。

重力がなければ、水圧も気圧も水流も風も起こらない。従って、多細胞生命体は存立し得ないのである。レーノルズ数(流体力学における粘稠係数)が一以下の単細胞生命体は、微小であるので重力の作用を受けない。水分子のブラウン運動によって動くほどに微小な物体は、ニュートン力学の圏外にある。

単細胞生命体と多細胞のそれとの本質的な違いは、どこにあるのであろうか?

単細胞生命では、一個の細胞で、栄養の摂取・消化・代謝はもとより、呼吸と食物の補足・移動から、光や化学物質の感知までも行うが、これらはすべて一個の細胞のもつ核とミトコンドリアの遺伝子の機能発現による。

多細胞体もここは同じで、種々の機能に分化した細胞群の集まった器官によって、生命活動を分業しているが、これはすべての細胞に共通する核とミトコンドリアの遺伝子の機能発現による。

両者の本質的な違いは、酸素を含めた栄養の摂取の違いである。生命体の最大の特徴は、高エネルギー物質を体外から取り込み、エネルギー代謝を廻転させて、みずからの細胞を新たに作り替え(リモデリング)て、時間の作用による荒廃、すなわち老化を克服することである。

従って種々の器官に機能分化しても、栄養を取り込み口から吸収して、身体のすべての部分に栄養が水溶液の流れ(血液循環系)によって配達されなければ、どんなにすぐれた器官でも機能することができない。

脊椎動物の特徴

脊椎動物の定義は、「骨性の脊柱を持つ脊索動物」で、骨・軟骨・コラーゲンがこの宗族を規定する物質であり、その特徴的器官は「腸管呼吸系の鰓《えら》」である。他の多細胞生命体である植物も節足動物も軟体動物も皮膚呼吸が普通である。

脊椎動物と植物の共通の祖先は、原索動物のホヤである。ホヤの根は、セルロースでできている。動物は食物を消化するが、植物は、吸収可能な分解された栄養等を自動的に吸収する。

動物の消化は、腸で行われるが、吸収された栄養は、酸素を含めて血液細胞によって吸収(消化)されて各器官に配送され、細胞呼吸や代謝やリモデリングでできる老廃物を搬出し、腸管から排出する。消化管からは、バクテリアも吸収され、血液によって吸収消化される。

脊椎動物は、酸素と栄養による造血を、ともに腸すなわち鰓腸《さいちょう》と消化系腸管で行う。鰓腸の造血巣で、酸素によって未分化間葉細胞の遺伝子の引き金が引かれて誘導される赤血球造血と、栄養と細菌・ウィルス・寄生虫により腸管造血巣で作られる白血球・リンパ球・組織球造血の血液は、心臓ポンプによって身体のすみずみまで配送される。

多細胞生命体は、海中で発生したので、体内の血液循環の源となる力学エネルギーは「波の動き」で、これが呼吸運動に引きつがれ、呼吸につられて動く脈管が、心臓ポンプとなる。

水中での力学作用の中心は、円口類までは水圧と流水圧と動物の頭進によるスピードと重力による慣性の作用であり、これらが海水中での重力作用である。これによる身体構造の変化が、口・肛の二極化である。

進化における変容と重力作用

第一革命で「有顎類」が誕生すると、摂食・咀嚼運動が、力学作用としてこれらにかかる。咀嚼運動も動力作用である。

脊椎動物の第二革命の上陸劇では、鰓の造血器と腸管造血巣が劇的に変容をとげる。この引き金は、六倍となった重力作用と二一倍になった酸素と、水から空気への物性の変化である。

鰓腺の一番目が聴器の内耳に、第二番目がワルダイエル扁桃リンパ輪に、三・四番が上皮小体と頸洞《けいどう》に、五番目が鰓後腺に、六番目が肺に変化し、腸管造血系の一部が骨髄腔に移る。

これらの変化の引き金の要因が、やはり酸素の溶媒が水から空気に変わったことと、酸素の含有量が海水の一％から空気の二一％に変わったことである。

上陸劇でもう一つの激変が、何度も述べてきたように、海水中の浮力に相殺されて見かけ上、六分の一Gとなっていた重力作用が、陸上で一Gとなり、水中の六倍になったことである。

これは直接、循環系に作用して、心臓ポンプが水中のままの強さだと血液がめぐらなくて死んでしまうのである。また鰓で空気呼吸がうまく行かず、窒息して酸素不足になると、苦しまぎれに、のたうち廻ると血圧が急上昇する。その結果、偶然にも血圧が高まり血液がめぐるようになり、生き永らえることができる。

空気中でのたうち廻っているうちに、三、四番目の鰓腺が、血中の酸素濃度と血圧と心臓ポンプの関連のもとに機能するようになり、これらが頸洞に変容する。

血圧が上がると、流動電位が上昇し、これにより内骨格の軟骨が自動的に骨化し、骨髄腔ができると、腸管造血系の一部がここに移る。これらの一連の変化が、重力への対応で起こる。もとより酸素の取り込みと、咀嚼による栄養吸収の飛躍的上昇がなければ、起こり得ないのが、この骨髄造血の発生である。

交感神経と副交感神経の誕生

骨のヒドロキシアパタイトが、エネルギー代謝の要《かなめ》のピロリン酸エステルを貯留し、軟骨が解糖系のチオールエステルを貯留する。エネルギー生成物質を、脊椎動物の骨格系が保持していたのである。

脊椎動物を決める骨格物質が、動物の本質である動きに対するエネルギー物質でできていた上に、この宗族の特徴器官である腸管による呼吸と栄養(食物)の摂取で起こる腸管造血系(鰓が主に赤血球を、腸管が主に白血球・組織球をつくる)の一部が、この骨髄腔に移動するのが第二革命である。

この宗族の本質が、すべて一つにつながるのが上陸劇であり、これがこの宗族の進化の革命期におけるもっとも重要な出来事である。

これら一連の出来事は、重力対応と、酸素の含量の激増にともなうエネルギー代謝の飛躍による。これにより、副交感神経でできていた冷血動物の体制に、交感神経系が各体節より発生する。

エネルギー代謝の飛躍とは、上陸にともなう筋肉運動の激増であり、のたうち廻りという無目的なあがき運動の結果であり、軟骨がアパタイトの骨格に変容するのである。筋運動の増加は、酸素と栄養を要求するが、アパタイトは、血管を誘導する性質があるため、骨格に従って体節性の血管誘導が起きる。

体壁系の運動で生ずる血管の誘導では、体壁系の自律神経系が、血管運動神経として、血管に随伴して伸びて、脳から心臓・腎臓等あらゆる器官と臓器に血管と交感神経が分布するようになる。それまでの原始型(円口類・軟骨魚類)には、脳にも心臓にも内臓にも軟骨にも、これらを養う血管がなかったのである。つまり脊髄神経の支配する体壁系の自律神経系の交感神経支配が発生する。

また副交感神経は、内臓脳である鰓脳《さいのう》と仙骨神経叢《せんこつしんけいそう》から発する内臓神経なのである。

この重力作用で起こる劇的な体制の変革は、血液細胞にも起こり、造血系の一部が骨髄に移ると同時に、白血球の交感・副交感神経の二重支配がはじまる。同時に、免疫寛容で眠っていた主要組織適合抗原の遺伝子が発現する。

これらが重力の作用で起こる主な変化である。

重力対応進化学の挑戦

前にも述べたように、わたしは、形態学と機能学(生理学=分子生物学)と分子遺伝子学の三者を、広義の重力を主体とする生体力学(物理・化学刺激)によって統合する「Trilateral Research(三者統合研究)」手法を開発した。形態と機能が共役しているのが生命体で、ともに遺伝子の発現が基礎となっていると考えたからである。

つまり形態学と生理学は、同じ生命現象の異なる側面を手法の違いによって観察していたことになる。この観点から、発生学と進化学を見直すと検証に基づく、極めて有効な実験発生学と実験進化学を組むことができる。

このようにして一九八八年に、わたしは哺乳類に特有の「釘植歯《ていしょくし》」の代替となる高次機能細胞からなる歯周《ししゅう》支持組織(セメント質・歯周靭帯《じんたい》・固有歯槽骨《しそうこつ》)をもつバイオセラミクスの人工歯根の開発に世界にさきがけて成功した。

これは生体力学の有効利用によって、従来不可能とされていたセメント芽細胞を人為的に誘導することが可能となったのである。

ついで、合成ヒドロキシアパタイト(アパタイト)を用いて、筋肉内で異所性に造骨と共役した造血を誘導する、人工骨髄チャンバーの開発に成功した(一九九四)。

これは、合成ヒドロキシアパタイトの多孔体を、血流のほとんどない皮下組織に移植埋入すると、何ごとも組織反応が起こらないが、動きに従って大量の血液とリンパ液が移動する筋肉内に移植すると、多孔体内部に造血と造骨が共役して発生するというものである。

手術で発生する未分化間葉細胞から、直接造血・造骨細胞が、生体力学刺激による遺伝子の発現で発生するものであり、発生する造血・造骨細胞は、筋肉細胞からの化生と見ることもできる。

事実、アパタイト周囲には、筋肉組織の構造を保ったまま、筋膜と骨膜の形成される組織像が観察され、多孔体内で造血と造骨が流路に沿って形成されている所見が観察される。筋肉も、身体のすべての器官や組織を構成する細胞を分化させるだけの遺伝子をもっていることから考えれば当然である。

従って、広義の生体力学刺激(物理化学刺激)の有無によって発生する細胞や組織・器官の強化とおとろえは、実質的には用不用の法則と同義であり、究極では刺激を受ける細胞や組織の遺伝子発現、つまり化生と考えることができる。

わたしは、用不用の法則を、分子生物学的に解明し、これを重力対応進化学・真正用不用の法則とした(一九九八)。さらに骨髄造血巣をもたない原始脊椎動物の軟骨魚類と円口類に、合成アパタイトを移植して、人工的に骨髄造血巣を誘導することにに成功し、実験進化学手法を確立した。

「革命紀」の時期

前に述べたが、この章の最後に、復習の意味で、脊椎動物の革命紀をもう一度列挙する。正確にはつぎの六つがある。
①揺籃期……カンブリア紀(五億四五〇〇万年前〜四億九五〇〇万年前)

②原初の革命〜原索類の誕生……カンブリア紀〜オルドヴィス紀（四億九五〇〇万年〜四億四三〇〇万年前）
③第一革命〜棘魚類の誕生……シルリア紀（四億四三〇〇万年〜四億一七〇〇万年前）
④第二革命〜上陸劇……デボン紀（四億一七〇〇万年〜三億五四〇〇万年前）
⑤第三革命〜哺乳類の誕生……白亜紀（一億四二〇〇万年〜六五〇〇万年前）
⑥第四革命〜人類の誕生……第三紀（六五〇〇万年〜一八〇万年前）

前の章でも充分、革命紀については述べ尽くしてきたつもりだが、復習の意味で、重力をはじめ力学の作用を、用不用の視点から、駆け足でおさらいしておこう。

揺籃期の用不用は、触手呼吸から腸管捕食・腸管呼吸への呼吸法の変化である。

原初の革命は、遺伝子重複で、これは受精卵が水温の変化で容易に三倍体・四倍体を生ずる偶然性によるものであり、用不用ではない。

しかし鎖サルパ状の体節動物が完成すると、各体節はまさに用不用の法則に従って頭部・顔面、鰓腸、胃腸部、尾部の各部に分かれる。

第一革命は、頭進による重力対応である。

第二革命では三つの大きな物理・化学刺激の変化があった。一つが見かけ上六分の一Gの水中から一Gの陸への変化で、二つ目は、酸素一％が二一％に増えたこと、三つ目が、酸素の溶媒が水から空気へと大きく変化したことであった。
第三革命の哺乳類の誕生も、咀嚼という重力対応が中心となっている。
そして第四革命の人類の誕生は、言葉の使用と火の使用、直立二足歩行である。
進化とは、もとは一つの生命の悠久の旅である。

参考資料

W・ルー “Leipzig”（1895）
J・ウォルフ “Virch vs Archiv”（1870）
E・シュレーディンガー 『生命とは何か』（岩波書店）（1951）
L・B・ホールステッド 『脊椎動物の進化様式』（法政大学出版局）（1984）
三木成夫 『胎児の世界』（中央公論社）（1983）
三木茂夫 『生命形態の自然誌』（うぶすな書院）（1991）
三木成夫 『生命形態学序説』（うぶすな書院）（1993）
西原克成 『重力対応進化学』（南山堂）（1999）
須田立雄、小沢英浩、高橋栄明 『骨の科学』（医歯薬出版）（1987）

第四章　顔の探求から生命体のしくみへ

Chapter.4

生命とは最も高次の反応現象

これまで「真正生命発生原則」と「真正用不用の法則」を述べてきた。

これは、脊椎動物を決定するヒドロキシアパタイトの人工骨格器官を用いることで、人工歯根と人工骨髄チャンバーを開発し、生体力学刺激を応用して、哺乳動物特有のセメント質・歯根膜・固有歯槽骨をハイブリッド型に誘導するとともに、高等な脊椎動物のみに特有の骨髄組織内における造血巣を、人為的に流体力学を応用して、同様にハイブリッド型に誘導することに、世界にさきがけて成功した結果、進化の主要因が、重力を主導とした生体力学にあることを再発見したことによる成果である。

これらの成果を、従来ラマルクとヘッケルによって提唱されていた「用不用の法則」と「生命発生原則」にあてはめることによって、これらの法則が、分子生物学的手法によって現代科学で究明されたものである。

ハイブリッド型の器官というのは、人工骨格を移植したヒトや動物(レシピエント)の細胞の遺伝子を用いて、希望する組織や器官を誘導する方法である。この遺伝子の引き金を引くのは、従来は質量のある物質の酵素やミネラル、栄養や薬のみと考えられていたが、これ以外にも生体力学をはじめとする質量のないエネルギー(重力、圧力、温熱、電磁波、放射線等)も大きく作用することをわたしは発見したのである。

これにより脊椎動物の三つの謎といわれている、①進化の起こる機序、②免疫システムおよび③骨髄造血の発生が一気に解明されれのである。

その結果、生命とは宇宙現象の最も高次の反応系であり、生命を深く理解すると宇宙の構成則までも解明されるという理論に到達した。この理論は、衝突という力学現象を担う歯と、光(電磁波)によって遺伝子の引き金が引かれてロドプシンが産生されて視覚の生ずる眼の構造が、発生過程では全く同じであることを知ることによって究明されたものである。

つぎに、このような観点から、ヒトの身体全体における内臓頭蓋、すなわち鼻と顎・口《こう》腔《くう》という複合器官のはたす機能と各器官との関連を考えると、「内臓頭蓋」が「生命の中心」に位置していることが明らかとなる。従って今日の細分化した医療にあって、真の実力のある「口腔科医」こそは、本来「King of Kings」(キリストのこと)のごとく、「Arzt von Arzte」(医者の中の医者)となるはずである。

わたしは、島峯徹先生によって今から七〇年前にまとめられ、昭和一三年にウィーンにおけるFDI(世界歯科医学会)で発表された、世界にも例のない旧制の「口腔科医科大学構想」のカリキュラムに従って、三五年間、医科の大学において自己研鑽した結果、変形症を含む咬合病から、難病を含む免疫症を扱うことのできる口腔科医となることができたと思っている。

口腔科の医学というのは、現代医学では、アメリカの「入れ歯に合わせた処置法のギルドの教程」(Dentistry)の世界制覇により、世界中で大混乱しているのが実状である。この「Arzt von Arzte」の眼をもって、わたしは系統発生と進化を究明した結果、一五〇年間も混迷していた発生学と進化論を、二一世紀の生命科学へと改めることができ、重力進化学を樹立した。

これが真正生命発生原則であり、真正用不用の法則である。

この観点で、生命体における口腔の本義を考えるために、まず臨床医の視点から患者の実例を示し、ついで脊椎動物における口腔の意義を究明する目的で、系統発生学を遡ることにする。生命個体における他器官と口腔の関連性を究明するには、疾患の治療によるのが最も効果的である。

口の機能や疾患の関連で、他器官に生ずる障害を大別すると、①顎口腔と脳神経系、②顎口腔と筋肉骨格系の機能と咬合病、③内臓頭蓋と免疫病、④顎口腔の機能と精神・神経系の発達、⑤顎口腔機能と顔と身体の変形症(ゆがみ)となる。

顎口腔と脳神経系

◎精神分裂病と顎はずれ

クロルプロマジンやブチロフェノン系のメジャートランキライザーの服用で、時に副作用として、錐体外路系の筋肉のディストニアによる顎はずれが起こる。最もしばしば見られるのが精神分裂病患者の症例においてである。ブチロフェノン系の安定剤の服用で、しばしば患者が興奮した時に顎がはずれるのである。

今から二〇年ほど前のことだが、分裂病で精神科に通院していた一七歳の少女の顎がはずれたといって、外科で数時間顎の整復を試みたが失敗し、わたしのもとへつれて来られたことがあった。この時はボルヘルス法(顎はずれの直し方の一つ)で、わずかに数秒で元に戻って患者はとても喜んでいた。右記の薬の服用で顎がはずれたのである。

また一〇年ほど前頃の症例で、寝ないで勉強しすぎたために分裂病になった一九歳の男性が、やはり顎はずれでわたしのもとに紹介されて来院したことがあった。やはり興奮したときにはずれるが、この頃には「寝相・片噛み・口呼吸」の三つの癖が、顎はずれの原因として明らかとなっていたので、整復してからガム療法による習癖の矯正と睡眠姿勢の矯正トレーニングをしたところ再発はなくなった。

つわりの防止や船酔い防止には、よくメジャートランキライザーが用いられて、顎がはずれたり、首が硬直して眼球が固定する困った症状が出ることが知られている。

◎錐体外路系《すいたいがいろけい》と精神活動

錐体外路系とは、いったいどんな神経系なのであろうか。

これは顎と体の姿勢の保持と生殖系をつかさどる脳の運動神経系で、最も旧いものであるために、左脳から左の身体へ、右脳から右の身体へ延びるものである。また思考や精神活動の源となる体壁《たいへき》筋肉の神経系である。

運動神経というのは、筋肉と中枢神経とを繋《つな》ぐシステムで、筋肉の機能系である。ちなみに十二本ある脳神経のうち、求心系・遠心系神経を問わず、左右が交叉しないのは唯一「一番目の鼻の嗅覚神経」のみであり、これは錐体外路系の成立と機を一にしているから、ホヤの固着性の時代に完成したものである。

精神分裂病患者が、前述のメジャートランキライザーを長期に服用すると、多くの場合、類人猿に特有の姿勢を示すようになる。独特の深い思考力と精神神経活動とを特徴とするヒト(トロプス)と、猿人(ピテクス)を含めた類人猿との間には、咀嚼と姿勢と生殖系に関わる「体壁筋肉システム」を支配する「錐体外路系」と、それ以外の「錐体路系」の関係に、越すに越せない深い溝が存在するのである。分裂病の発作をおさえるメジャートランキライザーには、その薬理作用と切りはなすことのできない作用に、錐体外路系の神経を退行させる特性をもっているのである。

通常の大脳皮質の運動神経は、右の脳から出て、延髄で交叉して、左の筋肉を支配する。この交叉が「錐体」に見えるのでこの神経を「錐体路系」という。これを通らないすべての脳の神経は、左脳は左の体、右脳は右の体の筋肉を支配する。これが「錐体外路系」で系統発生的に極めて旧い神経系である。

以前、経験の豊かな精神科の医師に、精神神経活動と身体体壁系の錐体外路系・錐体路系との関連性について質問したことがあった。しかしこの医師は、

「そんな難しい問題は考えたこともないし、精神科の医師で、生命進化とも関わる深い生命科学を研究している人など誰もいない」

ということであった。精神分裂病が、多くの難病といわれる免疫病と同様に、今日の治療医学の体系から完全にはみ出して、どう扱ってよいのやら解らなくなっているおおよその理由がこの時に解った。

◎口は精神状態の象徴

ここまで述べてきたことを読んだだけでも、咀嚼と姿勢・反射運動と生殖をつかさどる錐体外路系は、脊椎動物の原始型の体制にちがいないとの察しがつくが、この原始型の体壁系の神経の体制つまり大脳辺縁系が、ヒトの精神神経活動と切っても切れない関係にある事例はいくらでも存在する。しかしこれまで、これらが見過ごされたり、深く考えてこられなかったために、関連づけられなかったのである。

バカザメというサメがいる。これは、口を開いたままで、海に泳ぐプランクトンを、泳ぎながら海水とともにエサとして摂取するサメで、これを何億年も続けてきた結果、まるで馬鹿のように口が開きっぱなしとなって、顎が動かなくなったサメである。脳が他の同じ大きさのサメと比べると、極端に小さいためにバカザメと言う名がついたといわれている。

『腸は考える』という藤田恒夫先生の本があるが、それによると、口も喉も肺も肝臓・膵臓も膀胱《ぼうこう》も子宮も、みな腸に由来するから、口という腸の考える部分が、本当に脳となるのであるという。

それで口を開けたままだとヒトでも馬鹿に見えるし、サメは本当に脳が縮んでバカザメになってしまうのである。呆然自失《ぼうぜんじしつ》しても、ヒトは体がでくの棒のようになって、口をポカンとあける。常時、口で息をするのが阿呆《あほう》の条件であり、利口と賢者の条件は均衡のある姿勢で口と肛門を閉ざした鼻呼吸の顔である。

十分な働きをすることを「利く」というから、口が口として充分に機能しているヒトを利口なヒトというのである。

いずれにしても、咀嚼を司る錐体外路系の神経がやられてしまうと、顎を動かす体壁系の神経がやられ、口が開くし顎がはずれるのである。

◎抜髄による人格の荒廃

五年前の一例は、輸出入の翻訳と通訳の仕事をしていた三〇歳の青年の症例である。歯科で第一大臼歯を局所麻酔注射にて抜髄《ばつずい》(歯の神経を抜くこと)したところ、歯髄を摘出した瞬間に、脳がプチンといって以後、眼の焦点が定まらなくなり、考えることができなくなってしまったという。

それでこの歯を一度抜いて、また戻してもらいたいと言って来院した。歯科でいくら説明してもまともに相手にしてくれないので、新聞か雑誌の記事を読んでわたしのことを知り、受診したのであった。

希望に従って慎重に抜歯をして、アパタイトの粉末を塗布して戻したが、抜いた瞬間だけ眼が回復したそうだが、治癒せしめることはできなかった。残念だが、この青年は抜髄を機に、通訳と翻訳業が不可能となった。通院の度に、人格が荒廃して行く姿は見るに忍びなかった。

古生物学の体系をたてたキュヴィエ(Cuvier)の言葉に、

「歯は高等生命体にとって、最も命に本質的な器官である。歯を見ればすべてが解る。歯を失うと高等生命体はおしまいになる」

という言葉があるが、改めて深く心にしみた出来事だった。

◎眼も歯も鼻も、脳の出先器官

眼も歯も、皮膚の神経終末(Meissner＝小体)も脳も、個体発生においては、ともに外胚葉に由来するもの。その意味で、歯の神経(歯髄)は、眼と同様に、脳の一部が、皮膚表面＝歯に取り残されたものと見ることができる。つまり脳の突び出した感覚器官が、歯や眼や嗅神経なのである。

眼と歯は、発生の過程で全く同じ構造を示し、しかも体の中で一～二ミクロンを識別できるただ二つの極めて鋭敏な器官である。しかも眼は、三叉《さんさ》神経の第一枝と第二枝の間に存在し、第一枝から眼球に鼻毛様体《びもうようたい》神経が入り込み虹彩《こうさい》の調節をする。

また眼は、咀嚼器官の一部を構成する感覚器官であり、歯は咀嚼器官であるとともに眼と同様に脳の出先の感覚器官なのである。従って不用意に歯の神経をいじめると、眼がこわれるのと同様に、考える力をうばったり、眼の機能がそこなわれたりするのである。

不用意な歯の治療で、通常の生活をおくることができなくなった若い母親が受診したが、ヒトによっては一生を左右するほどに生命をおびやかすほどの恐怖心を、不適切な口腔治療で呼び覚ますから、歯の治療は歯そのものを命として、生命をいとおしむ心でしなければならない。顎関節症で眼の不調と思考力の減退を訴えるのも三叉神経の第一枝と第二枝がやられるためである。

臨床を三五年も続けながら、ホヤや円口類、サメからイモリ・アホロートル、ウズラ・

眼胚と歯胚は同じ形を示す

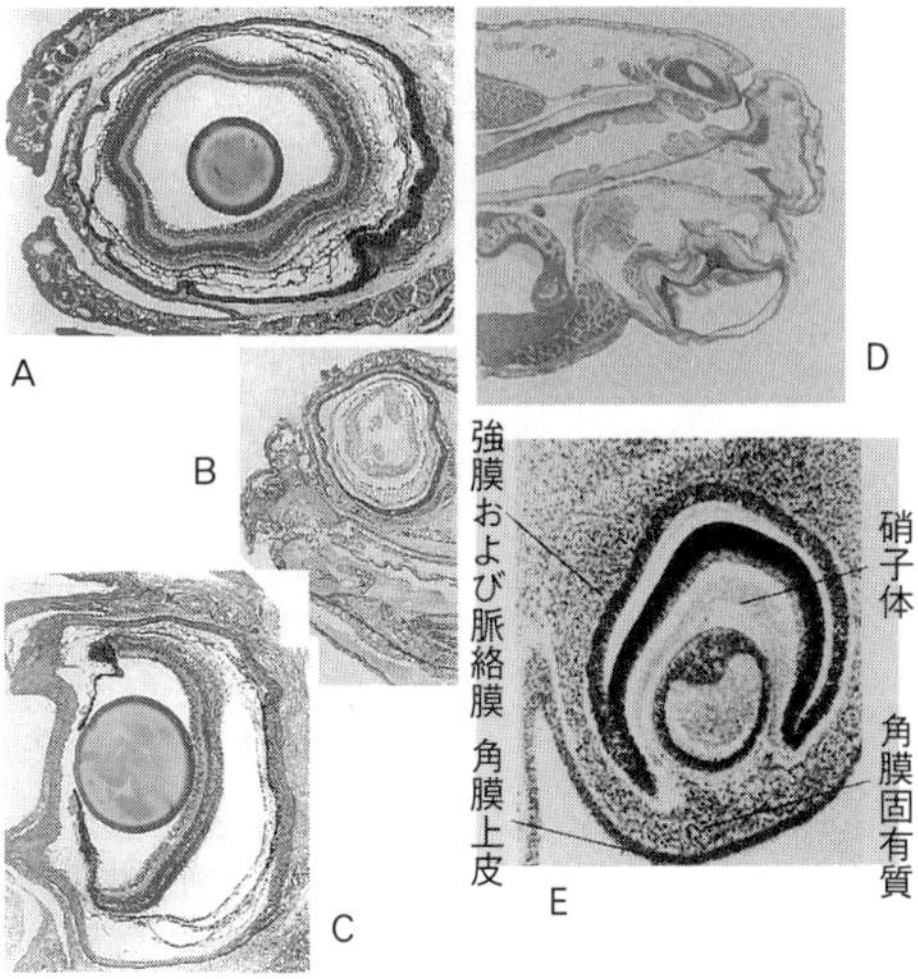

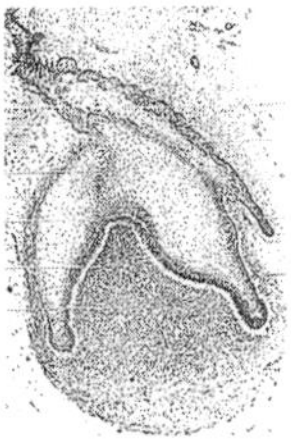

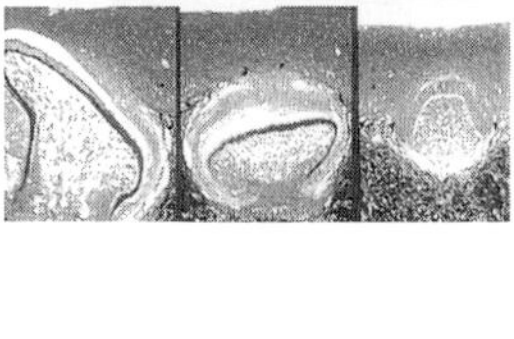

A～C　アカハライモリの眼の組織標本写真

D　アフリカツメガエルの眼を、Fの歯胚と比較するために、上下逆にした標本写真。DとFはよく似ている

E　ヒトの胎児の眼の組織標本写真（ロンドン大学）

F　ヒトの胎児の歯胚（Orban）

G　無顎類（ヤツメウナギ）の軟骨歯の組織標本。ヒトの眼胚包によく似ている

H　アフリカツメガエルの皮膚をドチザメに移植して生まれたキメラの皮歯（楯鱗）

ヒヨコ、ヤモリ・トカゲ、哺乳類のネズミからサル、ヒトに至るまで、真二つに切断して標本を作って研究すると、臨床例から基礎的な脊椎動物学の新知見が得られたり、サメの体制から哺乳動物の身体呼吸の特徴などの本態が解明されるからおもしろい。

脊椎動物学と哺乳動物学を樹立し分類学を完成させたリンネや、個体発生と系統発生の関連性を発見したヘッケルは、ともにすぐれた臨床家であった。動物の進化学とヒトの個体発生と発育は、当然深い相関性があり、疾患の発症は、進化の過程通りに臓器の関連性を示すから、臨床医学と動物学もまた深く繋がっているのである。

◎顎口腔《がくこうくう》と筋肉骨格系の機能と咬合病

わたしがこれまでに扱った咬合病患者は、すべて医源病(Iatrogenic Disease)である。医療がもとで病気になった。生体力学の正しい理解がほぼ完全に欠落している咬合の専門家を自負する技工士型の歯科医の治療を受けて、始末できなくなってそこから逃げてきた一種の難民のような患者さんである。

高額な費用と長期の時間を浪費したすえに、耐え難い苦痛をあじわわされて、一生を台無しにされたうえ生命からがら逃げてくるのである。

最も単純な症例をあげる。五〇歳代の女性で、ゆとりができたので下顎の臼歯部《きゅうし》の充填物を五本ほど金のインレー(セメントで歯につめる物)に換えたところ、微妙な噛み合わせの不調があり、それ以来ゆったりと眠ることができなくなってしまったという。以来、常時エビのような姿勢で眠り、治療した歯科では全く取り合わず、仕方なくカイロプラクティストと鍼灸、マッサージに通ってすでに三年経過したが、背筋部の痛みが常にあり、不快きわまりないとのことであった。

わたしのところで、ガムによる噛み合わせトレーニングと口呼吸習癖、片噛みと寝相の矯正トレーニングを教えたうえで、鼻孔《びこう》を拡大し、口唇《こうしん》をテープで閉ざし、

「口と肛門を閉鎖して、横隔膜《おうかくまく》呼吸を連続八回し、三〇秒待てば、背中の筋肉痛はその場で取れます」

と伝えたところ、

「まさか。これまであらゆる方法を試しました。でも痛みが三年も続いてるんですよ」

とのことであったが、実際にやったところ、

「あれっ、おかしい、あんなに取れなかった背中の痛みがなくなっている」

と驚かれた。哺乳類だけ、肺が心臓の囲心腔内に発生するため、内臓や脳、体中の筋肉に酸素不足が起きやすい。だから腸の門脈に充分に酸素が入る呼吸法を行えば、関節痛や頭痛、筋肉痛、骨髄の痛みは容易に消失する。

しかしこれを持続させるには、三〇分～五〇分のトレーニングと、睡眠時間の五～六時間から九時間への変更が必須である。そのうえ冷たい飲料(飲みもの)中毒を止めなければ

完治させることはできない。

この患者さんは、九時間睡眠してもらい腸を温めて、睡眠姿勢の悪さと、口呼吸を鼻呼吸に強力に矯正したところ、二週間で完治した。咬合調整の方は、歯を削る恐怖心で一切することができなかったため、ガム療法のみで噛み合わせの訓練を行った。歯はこの療法で微妙によく動くので、無謀な咬合《こうごう》調整を行う前に、必ず正しいガム療法を実施すべきである。

◎歯も骨も容易に動く

三〇歳代のチェリストは、数年間、金の取りはずしのスプリントを、四個臼歯部に入れて、ラミネートで上顎前歯をきれいにしたところ、口唇が閉じなくなり、口呼吸が一層ひどくなった。出産後に再度、スプリント療法のために受診したところ、新規の治療となるので、以前と同様の高額な費用が必要とのことであったので、都内の某国立大学病院を受診したという。

その病院では、難治症例やこじれた例は、正規の治療チームや教授・助教授は一切扱わず、出向や外勤となる直前の歯科医に配当される習わしとのことで、癌センターに出向直前の歯科医の担当となった。

しかし教授でも治せない症例を、若い大学院修了医に担当させることがどだい無理なのに、出向した時には大学内の医師に引継ぎすることもできないとのことで、開業医勤務の友人を頼るしかすべがなく、そこからわたしに紹介されてきたのであった。

この患者は、出産直後でもあり、咬合不全で体調が不良で、子育てもままならず、遠方の実家に帰っていたが、間もなく電話があり、歩行もできなくなったということで、新幹線で帰京して車椅子で来院、そのまま入院して、咬合回復の治療を行った。

獣医師をしている患者の弟がつきそってきたが、噛み合わせの異常などで歩けなくなるのか、と少々あきれた様子であった。

さっそく左右の上顎のみを用いて、下顎のスプリント(マウスピース状で、それを用いて噛んで食べることができる)を除き、プラスチックで咬顎を盛り上げてガム療法を行い、ラミネート(歯の表面にきれいに上貼りするもの)を削除して鼻呼吸を復活させた。また睡眠姿勢を強力に矯正し、やがて上顎のスプリントも取り除き、咀嚼トレーニングをさせて、咬合を回復させた結果、チェロの演奏が可能となった。

スプリント療法の欠点は、歯が、一二〇グラム・二〇分間の持続力で、沈み込みが起こることである。歯列矯正では、一般に二〇グラム～七〇グラムの側方力を加えて歯を動かす。歯根膜の血管がつぶれると、歯を支える骨(固有歯槽骨)が吸収される性質を応用しているのであるから、歯はガム療法でも、寝相でも片噛みでもスプリントでも、適・不適にかかわらずよく動くシステムであることを忘れてはならない。

長期にこじれた顎関節症では、スプリント療法で歯が咬合面方向に移動して咬合が容易に狂う。テンプレートも同様である。骨も歯も筋力を含めた外力で、ウォルフ(Wolff)の法則に従って容易に動くことを肝《きも》に銘ずるべきである。

圧力センサーで歯に加わる筋力や、枕に頭の重さで生ずる力を簡単に測ることができる。笑ったり、詩を朗読するだけで臼歯に四〇グラムもの側方力が頰圧で生ずる。歯型が寝相で変形するから、歯周病も深く寝相とかかわる。寝相で嚙み合わせが崩壊するのは、自分自身の頭の重さで生ずる、歯に加わる強大な側方力による。

◎正しい生活法が患者を治す

四〇歳代の女性で、三年前に肩こりなどの筋肉系の不調で歯科を受診したところ、咬合病といわれ、説明もなくほとんど障害のない上下左右の大臼歯を各二本ずつ六本をポーセレン(せともの)にした。その時以来、寝ても覚めても嚙み合わせが不快となり、頭痛・筋肉痛がいや増して、生きた心地がしないとのことであった。

治療前の模型をもっており、咬合状態は、現状よりは処置前の方がはるかに良い状態を示していた。咬合痛と頭痛、頸部と肩の筋肉痛と睡眠時のこれらの痛みを涙ながらに訴えていた。

一回の処置で形成し、必要部位はアパタイト顆粒を用いた断髄(神経を途中で切って、残りを生かしておく方法)を行い、印象(型をとること)して金による冠を仮に装着した。その後もわずかな冠のマージンの隙間が気になり、種々の痛みを訴えていたので、マージンをトリーミングして圧接し、歯肉のマッサージとガム療法による噛み方訓練で体調が回復した。

このような症例では、厳密な咬合器による技工装作で作製した補綴《ほてつ》物を装着しただけでは症状を改善することは不可能である。咀嚼筋や頸部・肩の筋肉群は、鰓腸呼吸筋かそれに深く関連する筋肉に由来するため、咬合病のほとんどの症例で、外呼吸(肺までの呼吸のことで、この場合は、口による胸式呼吸)の障害を伴っている。

従って治療には正しい呼吸法、睡眠姿勢の矯正、咀嚼法、ガム療法、腸の保温と冷たい飲料を止める等の厳重な注意と訓練が必須である。

内臓頭蓋と免疫病

免疫病などの難病と、内臓頭蓋の使い方の誤りや病巣との関係は、口腔・鼻腔の使い方の誤りが病気に結びつき、この部分が感染巣の窓口となりやすいことで起こる。

これらには以下の五種類がある。

①最も多いのが、歯周病のバクテリアによる全身への影響であり、次いで根尖病巣(根の先のうみの病気)である。これらについては従来にも注目されていた。

②わたしが最近、提唱しているのが、口呼吸による鼻と咽喉部の慢性不顕性の感染（無害な常在菌によるハッキリしない感染）である。
③口の使い方の誤りとして、冷たい物の飲食がある。
④同じく口の使い方の誤りとして、噛まない食べ方がある。
⑤もう一つの口の使い方の誤りに、食べる物の不適当がある。

あるとき、二〇歳代の若い母親が、潰瘍性大腸炎で紹介されてきたが、原因は口呼吸と冷たい飲みもの中毒と、睡眠不足と横向き寝の癖と、噛まない食べ方と食物内容の不適当であった。これらを改めただけで完治した。

しかし、実際に口呼吸と寝相を改め、冷たい物を飲まなくすることは至難のわざである。一八歳の潰瘍性大腸炎の患者さんも全く同様であったから、今では適切な指導でかなり早期に回復させることが可能となっている。

つぎに、四〇歳代の男性が、原因不明で失明したが、拙著を音声に変換して聞いて受診した。失明は一二年前であった。顔にアトピー性皮膚炎が見られたので、若い頃、失明する前に、アトピーを治療せずに、はげしいスポーツをしたのではないかと聞いたところ、学生時代にアメリカン・フットボールを行い、社会人でラグビーを行っていた。しかし止めて三年したころ、車の運転中に信号が突然見えなくなって失明に気づいたとのことであった。

その後一二年間、大学病院の眼科で診察を受けていたが、原因不明で網膜が駄目になって徐々に進行しているとのことで、アトピー性皮膚炎はもとより、眼もなんの治療もせずにただ経過観察して時を過ごした。

アトピーでありながら激しいスポーツをすれば、皮膚が化膿するはずだが、と聞いたところ、とろけるばかりにひどくなったという。それもそのはずで、アトピー性皮膚炎は、通常、腸から入る無害に近い常在菌が、皮下組織で白血球に消化されるが、消化できない時に、蕁麻疹のように痒疹を生ずるものだからである。

また口呼吸でスポーツをし、終わって冷たい物で腸を冷やすなら、大量の細菌が腸からフリーパスで血中に入り、皮膚炎は化膿してとろけるばかりになる。脳と眼と毛髪と皮膚は、外胚葉に由来することを思い出せば、病気なのにスポーツをすれば、脳や網膜に当然のこととして、アトピー性皮膚炎と同様の細菌性の炎症が生ずるからである。

この患者は、失明後もずっと冷たい物中毒を続けており、睡眠時間は七時間で、体調の不調も訴えていた。病身であるので九時間睡眠にし、腸を温めたら体調が回復してきてアトピーも消退して、時に光が少し感ぜられるようになることもあるという。

このほか、アトピー性皮膚炎で円錐角膜になり、アメリカで角膜移植を行い、日本に帰って一年以上、大学病院の皮膚科に通って、とろけんばかりの浸出性の皮膚炎の顔でわたしを受診した三〇歳代の患者は、口呼吸を鼻呼吸に変えて、眼と喉と鼻をよく洗浄して、二〜三週間したら、著明な改善が得られた。眼のかゆみも消退した。

リウマチも、皮膚筋炎もＳＬＥ（全身性紅斑）もみな同様で、手遅れにならないうちならば、口呼吸とエネルギー摂取の誤りを正すだけで完治するから、現代医学がいかに、ど忘れ医学であるかがよく解る。

吸啜《きゅうせつ》とおしゃぶりの宇宙〜顎口腔の機能と精神神経系の発達

顎口腔の機能で最も重要なのが、新生児の吸啜で、これがやがて哺乳・咀嚼へと発達する。二歳でこれらをマスターすると、ヒトでは次にことばを習得する。ことばの習得には、下地として吸啜の充分なる習熟を必須条件とする。

小児科医が診察して、身体的にどこも異常がないのに、満足に話をすることができない児童や学童と、二〇歳から二四歳の青年男女を一〇名ほど診察したことがある。

これらの患者に共通することは、全例とも母乳を与えられなかった子である。そのうえ、母親の無知や病気その他さまざまな理由で、子を気づかってよかれと思って、哺乳ビンの乳首の穴を大きくし、ほとんど口と舌を動かさないでも、お乳が流れるようにして、さらに、日本の育児の専門家の指導に従って、乳首型のおしゃぶりを全く使わせないで育った子たちである。

哺乳動物の最大の特徴が、生後お乳を啜《すす》ることである。脊椎動物は、重力を主体とする力学作用によって進化する特性がある。生後二歳半までは、哺乳動物にとって、この吸啜が最も重要な身体の使い方であり、力学作用である。

人間は、脳全体と大脳辺縁系の錐体外路系の運動野が、吸啜による用不用の法則で発達すると、思考と精神活動の表明である「ことば」が難なく習得されるのである。ところが、おしゃぶりを使わせないで育てると、鰓腸の内臓平滑《へいかつ》筋に由来する咀嚼筋と舌筋と顔面表情筋がうまく働かなくなる。

その結果、口が開きっぱなしになり、バカザメのように脳が退行して話ができなくなってしまうのである。原始型の軟骨魚類においては、舌は、わずかに動く鰓弓軟骨の集合体として存在し、鰓の平滑筋の集合体でできている。

前述のように、第二革命の上陸で、交感神経が発生し、錐体路系が誕生して、第三革命の哺乳類の誕生で、精神神経活動が発生すると、その究極においてヒトは話をすることになるのである。ヒトのヒトとしての最大の特徴がことばであり、舌と口腔の使い方の工夫による。これで脳が飛躍的に発達するからだ。

舌は、原始型ではわずかしか動かなかったのに、交感神経の発生とともに、鰓弓筋の脳神経の第一二番の「舌下神経《ぜっか》」によって動くようになる。顔面では、内臓平滑筋の鰓弓筋が横紋筋になっているのであるから、当然これらの筋肉は錐体外路系と錐体路系の二重支配なのである。

この世に生まれ落ちた後のヒトの子は、系統発生を繰り返しながら、二歳半、六歳、一二歳、一八歳とエッポクを画しつつ、二四歳でヒトの成体として完成する。

その間に、哺乳動物として生まれながら、生態としては哺乳類型爬虫類の時代、哺乳動物の時代、食虫類の時代、猿人の時代、原人の時代、真人の時代を経て、二四歳で現生人となるのである。

この二四年間に哺乳動物の掟《おきて》を破ると、でき損ないのヒトができてしまう。今の日本では子育てが六つも誤っているから、ほとんどまともな脊椎動物門・哺乳綱・霊長目・ヒト科の動物として育っていない。

こんな出鱈目《でたらめ》な育児法は、四、五〇年前から始まった誤りで、先進文明国ではわが国だけである。最近の五〇歳以下の大人から子供に至るまで、びっくりするような事件が絶えないのも無理のないことである。

顎口腔機能と顔と体の変形症（ゆがみ）

口呼吸では、バクテリアやウィルスの関係で免疫病が生ずるほか、口唇《こうしん》と舌圧という生体力学作用で出っ歯やうけ口、開咬になる。これらは九〇年前によくアングルが指摘したところである。

片噛みは、機能側の筋肉と骨が縮み、非機能側がたるむ故に、顔の左右が地鶏《じどり》(ちぢみ顔)とブロイラー(たるみ顔)の関係になる。片噛みでは、機能側の咀嚼筋と顔面表情筋、頸部の舌骨上筋群・下筋群・胸鎖乳突筋から横隔膜神経にいたるまでが、連動して機能が偏るため、必然的に噛む側の筋肉が縮み、機能側を下にして寝る癖が連鎖する。テニスやゴルフ、バトミントンを続けたヒトでは、機能側と逆の顔がやや地鶏顔になることが多い。

寝相が決まると、歯と顎の骨、顔の骨格と脊骨は、みずからの体重によって変形する。一定の年齢に達すると、自重(頭が五キログラムあり、寝相により胸の体重までかかると七～九キログラムとなる)で顔がつぶれ、脊骨が曲がり利き腕の血行が障害されて歯列不正・顔の変形症・脊柱前彎(ねこぜ)・側彎と神経と筋肉と関節のこわれる腱鞘炎が一度に発症する。

横向きや俯せ寝では、血行に及ぼす重力作用で、下側の鼻が塞がり、必ず口呼吸となる。つまり寝相・片噛み・口呼吸は三揃いで連鎖してぐるぐるめぐり、顔をつぶし脊骨を曲げ、腕や足腰の筋肉や骨を駄目にするのである。

睡眠不足と悪い寝相は病気の元凶

二〇歳代の女性が、顔の変形でわたしの治療を受診した。

都内の某大学病院で一年前に、今ではややブームの去る傾向にある顎切り術を受けており、術後の体調の不良と眼の不調を訴えて来院した。最近では日毎に顔の形が変わることを友人に指摘されるという。左眼のみが上方に動かず、口呼吸と寝相、片嚙みの癖も治っていなかった。

睡眠時間も、一日五〜六時間であったのを、八〜九時間に改め、寝る場所も寝床も不適当であったので改めさせた。高校生の頃一年間、米国にてホームステイ留学をしており、その間に簡易ベッドで寝かされたために、顔と脊骨の形が変わり、手術が必要となったということであった。今日の日本人は、呼吸と食べることと睡眠を余りにもおろそかにしすぎているといえよう。

この女性も、ガム療法と正しい呼吸法、咀嚼法、睡眠法により体調が著明に改善し、ほとんど正常に回復した。

ここまで読めば、顎・口腔・顔と姿勢・体軀と生殖系が、錐体外路系で一体となっている生命の要の原始型であることが解ると思う。内臓頭蓋と全身の関係を深く理解するために、ここで再び重力進化学にたち還《かえ》って見よう。

顎口腔と顔面の感覚器官ならびに全身との関連性を、用不用の法則で究明できれば、二一世紀の脊椎動物のライフサイエンスで、日本が世界をリードすることができるだろう。そして従来、原因不明とされていた変形症を含めた免疫病が、質量のある物質とエネルギー(質量のない物質)の摂取の不適によって起こることが明らかとなり、予防と治療が可能となるのである。

顔と噛み合わせの科学

噛み合わせと全身の関係を知るには、まず「顔とは何か?」「顎とは何か?」「歯とは何か?」を明らかにし、その上で顔を含めた身体とは何かを知らなければならない。

顔とは、ヒトにおいては、個体を代表する複合器官であることは、少し考えただけで解るが、その本義が何であるかを知るには、顔の由来をたずねればよいのである。

「器官の本質を知りたければ、その由来をたずねよ」

というのが、前に述べたように、一七九五年にモルフォロギア(Morphologia＝形態学)を創始したゲーテ(Goethe)の言である。

ゲーテが定義したモルフォロギアとは「生命個体の器官や形に対する命名と、生命形態の変容の法則性の解明」である。錯綜する現象の背後にひそむ法則性の解明こそが、科学であり、学問であるから、彼は形態学の本義が、累代におよぶ時間の経過とともにおこる形の変容＝メタモルフォゼ(Metamorphose)つまり進化であるが、これの法則性の解明にあることを、今から二〇六年も前に示していたのである。

これを受けてラマルク(Lamarck)は一八〇九年に、進化の法則性として用不用の法則を観察に基づいて樹立した。そして「これを否定することができるのは、みずから自然観察を行ったことが無い者だけだ」と述べている。

学問の姿勢

学問のヒエラルヒーは、下から「法・論・術・学」の順に積み上げられる。一般には上から「学・術・論・法」というが、学問を樹立しようと思ったら、どう深く考えてもいきなり複雑な現象系のなかから法則性を抽出することは、普通の頭脳の人には難しいから、まず対象となる自然現象(生命現象)をさまざまな方法を用いて観察しなければならない。

これが法(方法)である。例えば、生命科学では分子生物的学手法、形態学的手法、生化学的手法、生理学的手法があり、生体力学的手法では有限要素法や光弾性法等がある。この手法で得られたデーターをまとめて「論」ができる。

これは一種の仮説で、ある事を法則性をもって説明するための、あらけずりの仮の法則である。これが作業仮説である。マルクス(Marx)の「資本論」やダーウィン(Darwin)の「進化論」がこれに相当する。この論は、資料に基づいて自由自在に作ることができるから、ともすると空論や観念論に陥りやすい。

この仮説が本当に正しいかを知るためのステージが「実践応用術」である。治療医学を樹立するためには、治療術の体系を作り、実践して仮説が通用するかどうかをよく観察し、修正が必要かどうかを見なければならない。

J・ウォルフ(J.Wolff)は、骨の疾患の外科手術による治療術を開拓し、多数の症例を積み重ねて手術後の変形と力学との関係の詳しい観察結果をまとめた。そして一八七五年頃からぶ厚い論文を七篇ほど書いて、「Virchow Archieve」(フィルヒョー文庫)に発表した。そして骨の作用する力学と変形との関係に法則性が存在することを発見して、一八九二年に、骨の機能適応形態の「ウォルフの法則」を提示した。

二〇世紀には、「学問とは何か?」について、ゲーテやラマルクほどに理解している学者があまりいなかったから、マルキシズムとダーウィニズムが単なる空論であることすら知らずにサイエンスと誤解した時代であった。

主義で進化は起こらないし、主義で経済は廻らない。中学生でもちょっと考えれば解ることに対して、二〇世紀には世界中の学者が見識を失ってしまったのであった。

重力進化学が検証する真獣類の誕生

ここからは、ややむずかしくなる。

脊椎動物の「顔の由来」と「顎の由来」「歯の由来」「肺の由来」について、すでに述べたが、ここでは嚙み合わせと身体の各器官との相関性について述べる。

キュヴィエの比較解剖学の原理である「器官の相関の原理」と「従属の原理」をまつまでもなく、脊椎動物の個体を構成するすべての器官は、互いに切っても切れない関係にある。

噛み合わせと他の器官の関連は、①眼と歯、②口と生殖系、③口と頭(脳)と精神、④口とこころと腸管内臓系、⑤口と体壁筋肉系……の五点を研究すればよい。

これらの相関は、器官の由来をたずねるとよく理解されるから、脊椎動物の源をたずね、原初、第一、第二、第三革命を口と他の器官の相関の観点から詳しく観察すればよいのである。だから脊椎動物の進化の革命紀を、もう一度再確認しておこう。

まず「革命の揺籃期」があり、皮膚呼吸を行う苔虫類(翼鰓類)から、腸管呼吸を行う原索類のホヤが分岐する。ホヤは単体節である。次の「原初の革命」で群体ボヤや鎖サルパ型をした多体節性の個体のホヤが、遺伝子重複によってできる。

ホヤの三倍体が、ナメクジウオや古代ヤツメウナギのゲノムサイズとなる。原初の革命で、ホヤが数珠つなぎになると、呼吸のジェット噴射で頭に向かって水中を移動するようになる。このスピードが上がると「第一革命」で有顎類の棘魚類が誕生する。

棘魚類の後裔が、デボン紀にいたり陸に上がるのが「第二革命」である。この時に脊椎動物の体制は飛躍的に変化する。「第三革命」が哺乳動物の誕生である。哺乳動物とは、生後お乳を啜る動物であるから、卵生のカモノハシや有袋《ゆうたい》類も含まれるが、真獣類の誕生はユカタン半島への巨大隕石の衝突によると考えられる。

いまから六五〇〇万年前の白亜紀末に、巨大な隕石が地球に衝突し、壊滅的な被害を与えたことは有名である。メキシコ・ユカタン半島のチチュルブに落ちた隕石は、直径が一〇キロメートルもあり、深さ一二キロメートル、広さで一〇〇キロメートルに及ぶ穴を、地球上に開けた。

この時、アパタイトの殻をもつ受精卵を抱えた哺乳類型爬虫類が、彗星の衝突で起こる核の冬で気絶して、数週間後に息を吹き返すと、子宮内で卵殻が溶けて血管におおわれていた。この段階で自動的に胎盤ができるのである。アパタイトが間葉組織内で溶けると、動静脈を誘導する性質があるからである。

こうして胎盤をもつ哺乳類が誕生したものと考えられる。

つぎなる第四革命が人類の誕生である。

脊椎動物の先祖・ホヤの体制

進化を見渡したところで、原点に還って、ホヤの体制をよく観察したい。復習になるが、読みたくない人はとばして読んでいただいてよい。

ホヤは、鰓孔を持った口の嚢《ふくろ》で、幼生はオタマジャクシ型。嗅脳・視脳・平衡脳をもち、幼生も成体もともに脊索がすでに内臓を支えている型だ。

腸が、摂食と呼吸・造血・消化を行う口腔咽頭部と、血液の老廃物の泌尿と生殖物質の生成・貯臓・排出を行う内臓腸管部の二部に分かれている。この二つの腸の考える部が、口脳と肛脳であり、副交感神経の源となる。ホヤは口腔を中心とした顔だけで出来た生命

胎盤ができる構造

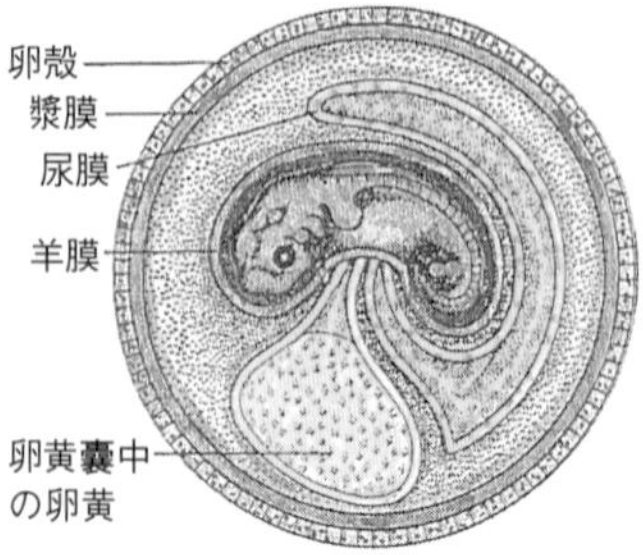

卵の中の胎児

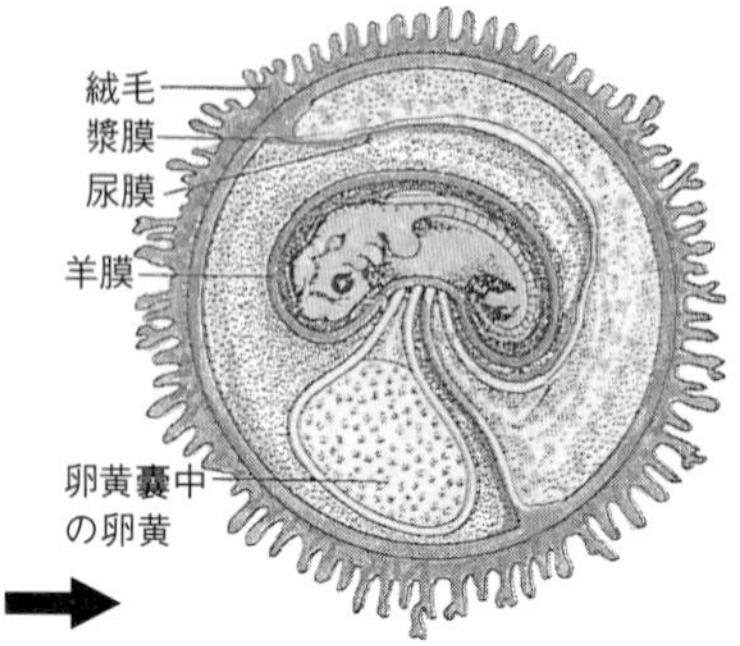

卵殻が溶けて誘導された
血管網に覆われた胎児

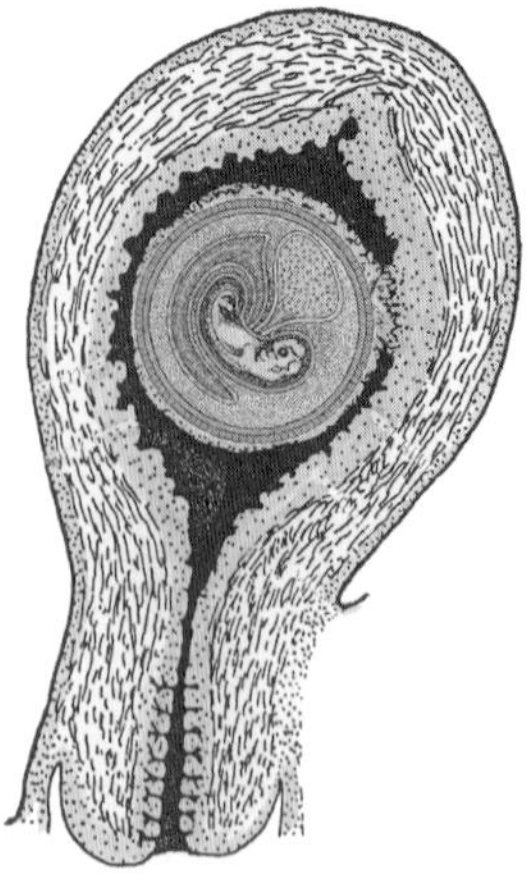

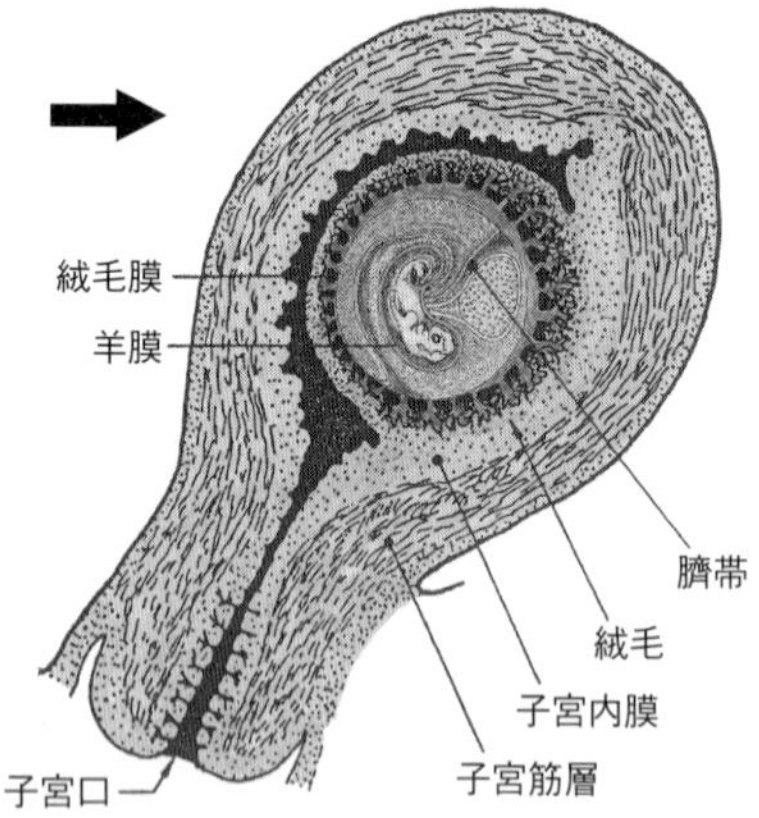

アパタイトでできた受精卵が子宮内にとどまると、アパタイトの卵殻が溶けて血管を誘導するため、自動的に胎盤ができる

（上図＝ローマー・西原改変）（下図＝三木成夫・西原改変）

体のようなもので顔の源であり、脊椎動物の原型でもある。

この系統の動物の特徴である腸管呼吸系が、この原初の革命のホヤで成立する。ホヤが遺伝子重複して、数珠つなぎの鎖サルパ型の個体ができると、頭進による用不用の法則に従って口と鰓の部と、消化の部と、老廃と生殖物質の貯留と排出の部門の三部に分かれる。前に述べた通りだ。

ナメクジウオを例にとると、この幼生は体節が四つほどで、やはりオタマジャクシ型をしているが、成体となると脳が無くなり脊索が頭まで伸びる。実際には脳がないのではなくて、眼や嗅脳・平衡脳が退縮していて、鰓腸が身体の三分の二を占めるため、鰓脳が発達しすぎているのである。この部に生殖巣まである。

ホヤが数珠つなぎになったのがナメクジウオであり、一つぶのホヤに一つの心臓があるから、一つの鰓とその小心臓が一匹のホヤだったのである。それぞれのホヤの個体に、それぞれ口脳と肛脳がそろって、二つの脳の間を、副交感神経がはりめぐらされているのであるが、これも用不用の法則の「不用」により、消退して鰓部では鰓の神経つまり鰓脳神経のみとなる。

ナメクジウオでは、鰓が呼吸・栄養吸収系であり、造血・生殖系であるが、この部分の考えるニューロンが鰓脳であり副交感神経である。一方、小心臓を持つ多数の鰓裂(鰓孔のこと)が終わると、この部も実は多数のホヤが数珠つなぎとなったもので、腸を通る水に酸素が吸収されつくして無くなるため、一つぶ一つぶのホヤの鰓がすべて無くなり、肛腸《こうちょう》のみから成る多数のホヤのつながった状態となる。ここの考える部が肛脳で、やはり副交感神経でできている。

ホヤもナメクジウオも、腸管と接する外嚢の体壁は、元来が呼吸とともに体を動かしていたので心筋に似た体壁筋から成る。これも旧い体制であるから、左の内臓脳は左の体壁筋を動かす。前に述べたように、これが錐体外路系で、摂食・呼吸と体壁姿勢と生殖をまかなう。ヒトにおける精神活動の大本となる、旧い体壁神経系の錐体外路系の源は、すでにこの系統のオリジンから存在するのである。

ホヤの鰓・心臓・呼吸・ゲノム・神経系

ヒトにおいても、顎の動きが、身体の姿勢と生殖系の機能と切っても切れない関係にあることを物語るのが、この錐体外路系である。ナメクジウオと円口類は、基本がほぼ同じである。ヌタウナギはヤツメウナギよりはるかに古く、大きな舌があり、鼻が腸管と交通していて鰓の水が鼻から入り、嗅覚も脳下錐体もよく発達している。鰓腺はすべて心臓のようにぐにゃぐにゃと動く造血巣からなる。

ホヤの前の翼鰓類の鰓は触手にあり、波の動きをリズムとして呼吸が行われている。ホヤの呼吸も、従って波のリズムを腸管に取り込んだものである。

心臓は、左右の鰓腺の合体したものであるから、原始型では呼吸の二倍で、高等では二心室二心房であるから、呼吸の四倍のリズムとなる。

ヤツメウナギは円い口で岩にすいついて雌雄が並んで生殖をとげる。さて頭進をつづけて、スピードも上がると、時間の作用により、鰓が頭側に寄って消化や造血・吸収した栄養の生殖細胞への改造など、時間のかかるものが慣性の法則で取り残されて肛側に位置する。これが口肛の二極化であり、すべて頭進による重力と時間の作用による。

時間はエネルギーの一種であり、時間が作用しなければ、生命体は何ごとも起こらない。哺乳動物のゲノムサイズを一〇〇とすると、ホヤの三倍体の古代ナメクジウオや古代ヤツメウナギが一八となる。この体制は、腸の考える部分の「口脳」の「嗅・視・平衡脳」と「鰓脳」のほかは「肛側の排出脳」しかない。

これが基本体制の「副交感神経・錐体外路系」および「脳脊髄神経系」である。

頭進と上陸

頭進をつづけると、スピードと時間が充分に作用し、用不用の法則により遺伝子重複がおこり、二倍体ができると、ゲノムサイズ三六の「原始棘魚類」ができると考えられる。

この時に、鰓から尾側の体節が二倍になると、鰓腸の交配する消化管と泌尿・生殖系が肛側に移動し、それにともなって副交感の迷走神経が、頭側から大きく尾側に伸びるので

鰓腺と心臓

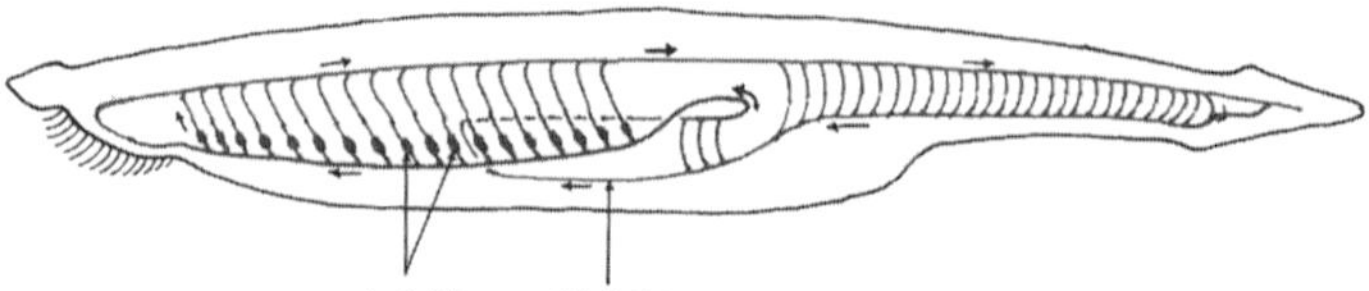

ナメクジウオ

（三木成夫原図）

ヌタウナギ

ヌタウナギの鰓腺の最後端の尾側の中央部に、左右の鰓腺が合体した心臓があり、鰓のように動いている。鰓もまるで心臓のようだ

ある。こうして副交感神経の独特の「口肛の二極化」した姿ができるのである。

鰓の部にあった腎・副腎が、骨盤域まで慣性でとり残されて伸びるのである。これが原始脊椎動物の基本体制である。つまり口と鰓と排泄の三つから成るのがわが脊椎動物の基本である。この三つが錐体外路系で支配されるのである。

顎口腔と全身の関係を究明する次の進化の革命紀は、第二革命の上陸劇である。この時の広義の生体力学変化は、前述のように、①見かけ上の六分の一Gから一Gへの重力作用の六倍の増加、②生活媒体の水から空気への変換、③酸素一％の海水から二一％の空気への変化……の三つが切っても切れない関係で同時に起こる。

これに対応して生き延びると、血圧が上がり、呼吸・代謝系が飛躍して増大する。この時に、鰓呼吸系が肺のシステムに換わり、骨格系も循環系も神経系も筋肉系も泌尿器系も根本的に変わる。腸管造血系の一部が骨髄に移り、白血球の性質が変化し、組織免疫系が作動する。

神経系の発生

ここでは特に神経系の発生について述べる。上陸では、血管の新生にともなって自律神経のうち、交感神経が血管運動神経として、脊髄から体節に従って伸び始める。血管は硬骨のアパタイトに沿って新生する。軟骨のアパタイト化で造血巣が骨髄腔に移動するのも、アパタイトが血管を誘導する性質をもっているからである。

第三革命で起こる釘植歯の成立と胎盤の成立も、ともにアパタイトの血管誘導の性質による。温血化と舌の成立、副交感神経の二極化の後に、上陸で体壁筋肉運動系が飛躍的に発達し、交感神経が発生し、錐体路系の脳運動神経が発生すると、呼吸と解糖系のエネルギー代謝も飛躍し、ここに温血化がはじまる。同時に、徐々に意志の力で舌や手(鰭)や足(鰭)を動かす事が出来るようになる。

原始脊椎動物のサメは、棘魚類の後裔であるが、上陸の前には舌は、鰓の鰓弓とその筋肉の集まったもので、すでに舌の形をしており、わずかに動く。舌が正中にある鰓弓骨で鰓をたばねるシステムとなっている。ここが離れて舌下神経(脳神経の第一二番目)に支配される鰓腸に由来する筋肉が発達して舌が可動性となり、わずかに動く舌を形成していた鰓弓骨が集まって舌骨を形成する。

従来、舌下神経はサメの脳にないので、脳神経ではなくて脊髄神経とされていたが、鰓脳である延髄にその根をもち、れっきとした脳神経である。かわって一一番目の「副神経」が脊髄から出ている神経で、脳神経ではないのである。

舌は、体壁系の横紋筋とされていたが、顔面表情筋や咀嚼筋と同様に、平滑筋に由来しており、これが意志の力で自在に動くようになってきたのである。知覚は、三叉神経で、鼓索神経も舌を通るから、当然舌も鰓器に属する。ドチザメでもネコザメでも、矢状断で観察すると、わずかに動く舌を構成するリズムのある鰓筋の列の最後端に囲心腔に囲まれた心臓がある。

ネコザメでは、上陸すると、この囲心腔内に含気嚢が形成され、これが第六鰓腺部に破れて肺が形成されると哺乳類型の爬虫類になる。囲心腔のない脊椎動物は哺乳類だけである。哺乳類だけはのび(ストレッチング)をしないと内臓・筋肉・骨格・脳神経・循環系の酸素不足を起こすが、これも肺が囲心腔内に発生したためである。

こころと精神の系統発生学

多細胞生命体は、多彩な器官や組織を形成する個々の細胞の「形と働き」の制御と同時に、個体全体における器官や組織の存在する「位置と形」とが決められており、それぞれの働きもバランスが保たれている。

これらの複雑なシステムを制御している主体が地球の引力、すなわち一Gの作用である。重力作用は、多細胞生命体においては、細胞膜の連繋と体液の流動という二つのシステムで制御されている。

高等生命体の基本は、「外胚葉上皮」「中胚葉の間葉組織」「内胚葉上皮」の三層からなる。上皮(外胚葉&内胚葉)からは「神経系」が生じる。中胚葉からは「動きのシステム」すなわち心臓脈管システム・筋肉骨格システム・血液遊走細胞システムが生まれる。

一Gの作用は、一つは「体液の流動」すなわち血圧に変換され、これが流動電位に翻訳される。もう一つが、上皮性細胞膜の連絡を介して「膜電位」に変換され、これが神経系の発生の始まりとなる。

このようにして神経(ニューロン)は、内胚葉と外胚葉からはじまり、それぞれのパラニューロンをもつ外胚葉と内胚葉のニューロンが、合体してできたものが脳であるから、脳は外・内胚葉性のパラニューロンをもっている。

腸管の入口と出口で、内胚葉・外胚葉が接するため、この部のニューロンとパラニューロンが合体して、頭側の口脳と肛側である内臓脳(腰神経叢)ができる。原始脊椎動物の体制は、口脳に眼・鼻・耳・舌・触覚があり、内臓脳に摂食・消化・吸収・排泄を司る生命の源とよべる感覚がある。口脳と内臓脳には連絡があり、口脳である大脳の中央に内臓脳がある。

これはホヤの時代にほとんどを口脳が支配していたのが、頭進によって著しく内臓が肛側によったためである。これまで述べてきたように、海水中では、重力作用が浮力に相殺されて、六分の一Gであり無重力に近いが、重力作用はもっぱら水圧と波の動きに変換されて生命体に作用するのである。生命の最も基本の運動である呼吸運動は、波のリズムを呼吸運動―心臓リズムに取り込んだものと言われている。

水中でのもう一つの重要な動きが、動物自身の「頭進」である。時間の作用と泳ぐスピードと慣性の法則によって、脊椎動物の基本体制が大きく変わる。これはもともと多体節性のホヤの進化した「円口類」が、力学対応したものである。

その原始型には副交感神経と錐体外路系しかない。したがって脳にも内臓にも心臓にも、これらの器官を養う血管が存在しないのである。やがて脊椎動物の第二革命の上陸で生活環境が三つの点で革命的に変わるが、これに対応して生き延びると、呼吸とエネルギー代謝系が飛躍して増大し、これらの刺激が引き金になって、鰓器が化生により劇的に変容を遂げると同時に、軟骨のアパタイト化で血管が新生する。これに伴って、自立神経の交感神経が血管運動神経として脊髄から体節性に伸びてくる。

思考のはじまり

上陸で苦しまぎれののたうち廻りにより、体壁筋肉運動が飛躍的に発達すると、原始型で痕跡ほどであった錐体路系が急激に発達する。錐体路系の筋肉は「動き」をよく覚えるようにできているから、リズムを取ったり指折って数を数える動きをよく記憶する。また音を筋肉の動きに変えたり、リズムを筋肉運動に変える。文字やことばを覚えようと思ったら、何度も手で書いて口で話さないかぎりうまく行かないのはこのためである。

つまり思考のはじまりが、この交感神経に裏打ちされた錐体路系の発生にあるということである。筋肉が無意識に動けるようになることが「体で覚える」ということであり、これを記憶が成立したという。

わたしはよく「憶《おく》の状態」というが、これは、快もない不快もない身体の状態のことで、体が空気の存在のように意識されない状態をいう。最も健康な状態がこれである。快を追求しすぎると健康を害するのは、憶からはずれて体に無理がかかるからである。

思考と精神活動の源は、意外なことに「体壁筋肉系の錐体路系」に存在していたといえるのである。もとより、錐体外路系の健全な存在が、精神神経活動には必須なのである。「健全な精神は健康な身体にやどる」というのはこのことで、精神活動と思考の源は体壁筋肉系にあり、この筋肉と共軛関係にあるのが「体壁脳」すなわち大脳新皮質なのである。しかしこれには、大脳辺縁系の古皮質の体壁系である「錐体外路系」の健康な裏打ちを必須とするのである。

これに対して、感情、欲などの情動を「こころ」というなら、「こころ」は腸管内臓系にその源があり、これらの内臓筋肉と共軛関係にあるのが内臓脳、すなわち大脳辺縁系と海馬と視床・視床下部などで、ここに腸管のありようをキャッチするニューロンがある。

腸管がうずくとヒト恋しく胸苦しくなるのはこのためである。口側の胃腸は空になるとうずき、肛側の腸管とそれに由来する泌尿・生殖系の管は満ち溢れるとうずくようになっている。

相対性理論と生体力学

ここで、眼と歯の発生過程の組織像を比較してみよう。電磁波の光を受ける眼球と、質量のある物質の空間における衝突で起こる力学エネルギーを受ける歯の構造が完全に一致していることがわかった。

このことは、脊椎動物の「外胚葉上皮」が、全く異質の二種類の質量のないエネルギーを等価として反応していることを意味している。

力学現象とは、重力下で生ずる質量のある物質が空間を移動したときに生ずる作用である。空間とは何かといえば、光というエネルギーを仲立ちとして時間と空間が相対的関係にあることが検証されているから、空間も時間も、光と同様にエネルギーということになる。

超低温では、超伝導現象が知られているが、これはマイナス二七三℃の超低温では、光は二〇〇〇万分の一の速度となり、エレクトロン(電子)は二〇〇〇万倍の速度となることを示しているにすぎない。相対的に変化している。

光は、常温で三〇万キロメートル(km/sec)の速度で走る。一方、エレクトロンの速度は〇・一ミリメートル(mm/sec)であるから、光速は二〇〇〇万分の一となり、エレクトロンは二〇〇〇万倍になるというのは、どのくらいの値か。

光速と時間、エレクトロン速と時間を掛け合わせると常に一定となる。これが真に正しい統一理論であり相対性理論である。

二年前、ハーバード大学でマイナス二七三℃において、光速を測定した。すると一七メートル(m/sec)と測定されたという。昨年には、プリンストンのNECで、光速を三〇〇倍にしたという。こうなると、超低温も超高速も、ともに高エネルギーであると考えられる。そしてエネルギーによって、光速も時間も空間も変わるのである。

宇宙の構成則がこれでようやく明らかとなった。宇宙は、①時間、②空間、③質量のある物質、④重力・力学エネルギー、⑤温熱・電磁波動エネルギーのクイントエッセンス(五つの要素)よりなる。

一〇〇万ギガボルトのサイクロトロン(加速器)の中では、エレクトロンは毎秒、光速近くで走る。この中では常温常圧の世界の一秒が三〇〇万秒、つまり八三三時間、つまり三四・七日に相当するのである。

これが真の相対性理論である。これでビッグバンも宇宙の終わりも無くなる。宇宙に始まりと終わりがあれば、数字にマイナス無限大・無限小からプラス無限大・無限小が存在するはずもないのである。

生命現象の本質

生命とは、リモデリングに共軛したエネルギーの渦が回転することである。一般の物質が、リモデリングがなくてエネルギーの渦が回転して時の作用を受けるとき、これをエイジング(aging)つまり老化という。

生命は、エイジングをリモデリングで克服していることになる。個体全体のエイジングを克服して新規再生するのである。生命現象は、宇宙の最も高次の反応系であり、厳密に質量を有する物質の「水溶性の固相・液相・気相」からなり、半透膜で覆われたもので、エネルギーに対しても、質量のある物質に対しても完全に「開放系」の存在なのである。

水溶性ということは、生命現象は、厳密に「電解質の解離」で起こる電気現象なのである。従って生命体は、水溶液内で起こる「電気反応系」であり、他の宇宙現象の反応系と同様に目的がない。全く無目的に生きるのが生命体なのである。

かといってわたしは無目的に生きているわけではない。生命を得たからには、一〇〇%生命の躍動感を仕事なり、芸術なり、科学なりに自己実現することが、有意義なことだと考えている。現象そのものには、意味も目的もないということだ。仏教は「なぜ生きるか」に対して「No Reason」と応える。

しかし生命の本義がリモデリングにある訳だから、リモデリングに必須である腸管の機能、つまり呼吸と食べることが生命体にとっての本義ということになる。従来のライフサイエンスでは、本義という言葉を目的という言葉で語ってきたのである。

従って、呼吸と食物の入口である鼻と口が、生命の本質ということである。現に息の音が止まれば、命はおしまいだし、何も食べられなくなれば命はおしまいである。そして食べた物は、消化吸収されてやがて血となり肉となるが、時期が来ると血液細胞の一種の生殖細胞となる。

生命体の本義が、個体のリモデリングによるエイジングの克服であるから、生殖こそが生命の本質であり、生の目的と見ることもできる。つまり口腔の機能は、生命の本義の生殖と直接結びついていることになるのである。

ラムペトラ(ヤツメウナギ)は、岩にすいついて、つがいで並んで生殖をとげると、間もなく全身の細胞に急激な老化がおこり、アポトーシスによって死への遺伝子の引き金が引かれる。

古代ヤツメウナギの誕生後、五億年になんなんとする脊椎動物の力学対応の進化のど真中をかけぬけた人類も、今日の生殖行為では強力に口唇を吸引し合う。また生殖がこじれると、何も死ななくてもよいのに死を選ぶのも、五億年前の古代ヤツメウナギの生命の基本プログラムが作動するためかも知れない。

生命の本義は、リモデリングの行動つまり生殖行為にあるから、生の本義(目的)をはたした後に、世間のしがらみがこじれると、ヒトは死を選ぶのかも知れない。

口とあたま……内臓頭蓋と脳神経の関係

口腔と一二本の脳神経との関係について研究する。

①嗅神経、②視神経、③動眼神経、④滑車神経、⑤三叉神経、⑥外転神経、⑦顔面神経、⑧内耳神経、⑨舌咽神経、⑩迷走神経、⑪副神経、⑫舌下神経……これは、各神経を古い順に並べたものだ。

脳内の神経核について観察してみよう。一二本の脳神経を動物の基本体制の内臓系と体壁系に分けると、大略三つに分けられる。

①鼻と②眼と⑧耳が、「体壁の知覚神経」で、眼を動かす③動眼、④滑車、⑥外転と⑫舌下神経が、「体壁の運動神経」である。

残りの⑤三叉、⑦顔面、⑨舌咽、⑩迷走、⑪副神経が、運動と知覚の混ざった「内臓鰓弓神経」である。

体壁の知覚神経……①、②、⑧

体壁の運動神経……③、④、⑥、⑫

内臓の鰓弓神経……⑤、⑦、⑨、⑩、⑪

このような区分けになる。

よく観察すると、迷走神経(⑩)の分布する腹腔までが鰓腸であるから、ヒトは原始の体制の口と咽喉が、骨盤域まで伸びた動物なのである。

眼と鼻は三叉神経⑤の終末の一枝二枝の間に存在し、第一枝から鼻毛様体神経が眼球と鼻腔に入る。鼻と眼の皮筋肉は、顔面神経に支配されていることと、眼球を動かす運動神経③、④、⑥の脳神経が、三叉神経核⑤をはさんで位置していることから、眼と鼻が、三叉神経を支える体壁の知覚器と、それを動かすシステムであることが解る。

次に、口と耳の関係を見ると、第一鰓孔が外耳道となり、耳小骨が顎のメッケル軟骨に由来し、聴器・平衡器の知覚の内耳⑧神経が、三叉⑤と顔面⑦神経の間に位置するところから、これも鰓腸に所属するシステムであることが解る。

最後に、舌下神経⑫が、鰓腸由来の舌を支える内臓運動系の神経である。

①の嗅覚は、水中では味覚に近似しており、従って食べるシステムの口の一部であることはいうまでもない。嗅覚は、系統発生的に最も旧い脳神経であり、一二対のうち唯一、左右の脳から出て交叉しない。

腸管捕食とともに始まる鰓呼吸（腸管呼吸）が成立するホヤのステージ、つまり進化の革命の揺籃期に、脳の一部の最先端が、食物の入り口にとどまって残る。嗅覚神経は脳脊髄において、内臓系と体壁系のすべての器官と神経性に連繋をもち、ホルモン分泌と筋肉の動きを制御する。

脊椎動物の源において、感動のはじまりはほとんど嗅覚がすべてなのである。感動の源は腸管(口腸)が食物と生殖の場を求めて口と鰓を移動させるべく体壁筋を動かすことだからである。

口と鰓の腸に呼吸・栄養の吸収と余った栄養の造血と生殖のたまり場(うつわ=器)が存在し、生命個体を腸管の求めに従って、パイロットするのが嗅覚である。

嗅覚によって動く筋肉は、すべて旧い脳脊髄神経であるから、副交感神経系と錐体外路系である。

嗅覚の宇宙

さつきまつ花橘の香をかげば昔の人のそでの香ぞする　　読み人知らず(古今)

椎の花ひともすさめぬにおいかな　　蕪村

旅人のこころにも似よ椎の花　　芭蕉

花の香が、すぐに生殖系の感覚にむすびつくのは、嗅覚が呼吸・摂食・生殖という、脊椎動物の生命の基本を制御する筋肉・神経系の錐体外路系に直結するためである。

アロマテラピーが有効なのも、副交感神経刺激により、ホルモン分泌を介して、白血球の消化力を増減させるからである。

今の日本人は、子育ての誤りでほぼ一〇〇%口呼吸をして鼻を駄目にしている。一歳頃から生命の要の嗅覚を駄目にして、子供の一生を台無しにしているのである。

口呼吸で無表情のあお白い顔をした二、三歳の子でも、乳首型のおしゃぶりを与えて一〇分くらいすると、顔色が回復し、眼と顔に輝きがよみがえるのは、嗅覚刺激による体全体のホルモンの活性化がおこり、酸素不足が鼻呼吸で解消するためである。鼻が、食と生殖の場を感じ取り、鼻と眼と聴器が、鰓腸のなれのはての咀嚼器を支えるシステムだからである。

これらの感覚器官は、相互に鰓弓神経が複雑にからみ合ってできているから、口がウィルスや細菌の感染を受けるとしばしば眼をやられる。ページェット病やシェーグレン症は、神経を伝わって器官の相関で起こるウィルス感染と考えられる。

脳神経のうち⑤の三叉、⑦の顔面、⑨の舌咽、⑩の迷走、⑫の舌下は、神経核の位置から考えると、鰓腸の感覚器としての能力と運動神経の能力をそなえている。

従来、舌は頸直筋の伸び出したものとされていたが、鮫の解剖で舌が鰓腸筋の集まったものであることが明らかとなった。

口とはらわた……内臓頭蓋とこころ

今の生命科学は、細菌や原虫、線虫、軟体動物から昆虫まで、ごちゃまぜで論じて何が何だか解らなくなってしまっている。

脊椎動物と単細胞動物の原虫やバクテリアや酵母との間には、とうてい越すに越せない隔たりが存在することを知って自覚している生命科学者が世界中でほとんどいない。脊椎動物の生命は、個体発生も系統発生も同じでともに、腸にはじまる。腸が生命の源であるから、腸が生きているかぎり生命の死はあり得ない。

従って「脳死」という考え方は、脊椎動物学や系統発生学を知らないライフサイエンスに素人の医者の考え方なのである。腸のパラニューロン(ニューロンの仲立ちをするもの)がニューロンを分離し、これが口肛の周囲に発達、口側の脳と肛側の脳になる。

二つの副交感神経の中心の一つが、呼吸・消化・造血の腸の脳となり、もう一方が、余った血液=生殖物質と血液の老廃浸透液の泌尿と食物消化の残渣《ざんさ》のたまりを制御する肛側の脳となる。

腸と口の関係は、系統発生でも単純ではない。脊椎動物は、原索類の原始口が肛門となり、新しい口が原始腸の後方に開くから後口動物と呼ばれる。初期の後口動物は、頭側に外界に開いた脳とそれにつづく外胚葉のチューブが尾側に伸びる。

その腹側に一本の脊索が、脳と原腸の接着部から後方に尾側へ伸びる。脊索をはさんで、「外胚葉の脳脊髄チューブ」と「内胚葉の腸管チューブ」が対称に存在し、脳の外胚葉チューブが次第に閉鎖するのに対し、閉鎖している内胚葉チューブの腸の後端が破れて口ができる。

脳と腸のつながりが脳下錐体となる。口は内臓はらわたの入り口であり、口と舌で体壁脳の機能である精神と思考を語る一方で、内臓頭蓋として咀嚼を行い、鼻からの呼吸で身体を神経性・ホルモン性に活性化する。

感動が「こころ」のはじまりであるが、これは腸管が食と生殖の場を求めて体壁筋を動かすことに始まる。「こころ」は心臓で代表される内臓腸管系に存在するのである。

心臓と肺を同時に移植すると、移植されたヒトの「こころ」がドナーのそれに替わってしまう例が、数多くアメリカで知られている。心臓移植だけではこうはならない。

どんなに愛し合っていても、互いに極端に空腹だと愛でこころを満たすことは至難のわざであろう。口から入る質量のある水溶性の栄養物が、充分に消化され、余った栄養の生殖物質が充分に満ちていないと、こころを満たすことはできないのが脊椎動物なのである。

こころは、脳にはない

仏教でいう五欲の「財・名・色・食・睡」はすべて腸管内臓系の発する欲である。脳は腸からはじまるから、腸には従属的である。従って腸の要求をなんとか実現するようにしか脳は機能しない。財産争いも色情も、理性すなわち体壁筋肉システムの計算と思考で制御できないのは、腸管内臓の発する系統発生五億年の生命記憶をひきずっている欲求だからである。

今日「こころ」が脳に存在すると考えている学者が多いが、洋の東西を問わず、大脳辺縁系思考で「こころ」は心臓や腹にあるとされていた。キリスト教世界では、外から心臓に「こころ」が霊魂として入ってくるといって、脳外科医で大脳生理学者のペンフィールド(脳を開頭して電極を入れて、電流を流して脳の機能を解明した人)でさえもサイエンスを放棄してしまっているが、その点わが日本には、幸いにもキリスト教の考えが根づかないから、冷静に「こころ」をサイエンスすることができる。

古代人は、大脳辺縁系(内臓脳)思考で、漢字を作ったりことばやことわざを作っている。そこには、ヒトの浅知恵つまり浅薄な大脳皮質の思考をはるかに越える真実が存在することが多い。サイエンスの名のもとに、これらの先哲の知恵をないがしろにしてはならない。

日本にはハラサキ(切腹)という自殺の手法がある。これは誇り高い武人が自己実現に失敗した時の身の処し方の作法である。腸管内臓系の腹に自己の本態があり、すべての欲が生命の根源の腸から発することを知っていたからである。

今日、脳がすべてとする唯脳論が語られ、心も精神も魂もすべては脳にあり、脳幹が働かなくなったら生命は死んだも同然とする考えがある。ひとの世がすべて脳とその機能で解決できるなら、ソビエトは崩壊しないはずであるし、法治国はすべてこともなく治まるはずである。腸は法律で律することはできないのである。

　顔と口は、鰓腸のなれのはての筋肉に、交感神経と錐体路系の神経支配が重層したものである。表情はよく内臓の機能の「こころ」と体壁の機能の思考・精神を表す。眼は咀嚼器の一部であるから、眼もよく「こころ」と思考・精神の両方を表現する。

人類特有の病気

　ことばも「こころ」と精神をリズムにのせて表現する。

　脊椎動物では、口は摂食・咀嚼にのみ使うようにしかプログラムされていないから、あまりに多くを語り、口で呼吸すると、第二鰓腺由来のワルダイエル扁桃リンパ輪がやられる。哺乳動物でこの扁桃リンパ輪が著しく発達しているのはヒトのみである。犬も猫もねずみも馬も牛もうさぎもこれは殆どわからないくらい小さく痕跡程度である。

　ヒトが四〇〇万年前からことばを使ったために脳とワルダイエル扁桃が極端に発達したのである。この扁桃は白血球造血巣で、本来腸にのみ存在したものが、哺乳動物に至り、腸扁桃のパイエル板や盲腸、ＧＡＬＴ(gut associated lymphoid tissue)の一部が関節頭に移動している。

　風邪でのどと鼻の扁桃が痛んでから、次に関節が痛むのは、扁桃の白血球造血巣からウィルスや細菌をかかえた白血球が、関節頭の造血巣に血行性の感染を起こすためである。脳下錐体とワルダイエル扁桃輪は、細胞性に体中に情報を伝えるシステムであることを知るべきである。この腸扁桃と関節頭の扁桃(白血球造血巣)とは、自律神経系(交感・副交感の血管運動神経)で密接不可分に繋がっている。

今の日本人の冷たい物中毒で、関節や骨髄造血系がこわれるのはこのためである。腸を一・五℃下げると、交感神経を介して関節頭や骨髄腔の造血巣の血管が縮み、血のめぐりを通して、白血球が運び屋となって関節に腸内細菌やウィルスの感染を起こす。腸を冷やすと間もなくして、関節に激痛を生ずるのはこのためである。

リウマチ患者をはじめ、ほとんどのヒトが四℃の水やアイスクリームの中毒となっているから、リウマチなど治るわけがないのである。口と胃腸を冷やすと、消化管がしもやけ状態となり、消化を担当する腸管上皮細胞の遺伝子の引き金が、狂って引かれて細菌や未消化の食物が吸収されて病気になるのである。

システムとしての生命体を知る

生命体とは、繰り返せば、厳密に水溶性の固相・液相・気相のコロイドから成る半透膜で境された開放系の有機体で、エネルギーの渦の廻転とともに起こるリモデリングにより老化を克服するシステムである。

そして個体全体のリモデリングが生殖であり、遺伝現象である。開放系の生命個体に外環境から作用する、質量のある物質のみならず、エネルギーによって時間の作用の下に脊椎動物の組織や器官の形と機能が大きく影響を受ける。

質量のある水や酸素や栄養を食べて、それを消化・吸収し、化学反応で物質変換してエネルギーを得て、リモデリングするが、また一方、外から作用する質量のないエネルギーが、直接生命個体の細胞の遺伝子の引き金を引いて、触媒のごとく遺伝子を介して、物質変換して蛋白質を新生する。

口から食べる栄養物は、内臓腸管で消化吸収され、血となり肉となり、生殖物質と泌尿となる。リモデリングを支える物質とエネルギーを供給するのが、食物と呼吸の酸素である。

口で咀嚼される食物は、腸管を経て血液とその一種の生殖細胞に変換される。腸管の造血には充分なる咀嚼が必須である。従って、充分なる咀嚼と正しい鼻呼吸が健康な生殖活動の源ということになる。つまり生命の本義は、食物の咀嚼を中心とした口腔と鼻腔の呼吸機能つまり内臓頭蓋の機能にあるということである。

生殖巣とは、造血器の一種であり、ナメクジウオでは、鰓腸に造血器と腎・生殖巣が存在する。腎臓は、筋肉で生ずる老廃排出のシステムであり、間葉系の造血器の一種である。つまり腎・生殖巣は、呼吸系の造血器の一部を構成するものが、頭進により重力作用で肛側に移動したものである。

咬合が不調で、鼻でなく口で呼吸すると、泌尿生殖系の感染が好発するのはこのためである。女性では膀胱炎・生理不順・生理痛・子宮内膜症・不妊症、男性では前立腺炎や膀胱炎が発症する。噛み合わせを回復し鼻呼吸を復活させれば、これらの疾患も不妊も克服されるのはこのためである。

交感神経系・錐体路系の発生と舌《ぜつ》の発生

「背に腹は変えられない」

ということわざの「背」は体壁筋肉系のことで、「腹」は腸管内臓系のことである。背と腹をむすびつけるのが、口という意志の力で動かすことのできる骨格をもった腸管の入り口の器官である。

哺乳動物の背筋と、原始型のサメの背筋とは全く異なる。原始脊椎動物の軟骨魚類のサメの筋肉には「錐体路系」が無くて、自律神経系も「副交感神経」のみで交感神経系が無い。

第二革命の上陸を機に、重力作用が六倍になり、生活媒体が水から、水の一〇〇〇分の一の重量しかない空気に変わり、酸素の含量が、一%から二一%に変わると、これらに対応して生きて行くだけで、必然的に体内のあらゆる組織と器官の細胞呼吸が活性化(約一〇〇倍程)し、血管の誘導が起こるのである。

筋肉というのは、神経の機能器官である。知覚される(体壁系)、されない(内臓系)にかかわらず、「求心性神経」が中枢に情報を伝えると、これに基づいて中枢神経核に電位が発生し、遠心性(運動)神経に情報を発し筋肉を動かす。顎口腔と交感神経・錐体路系の発生の関係には、咀嚼の成立が必須の事象である。

そのためには、細胞呼吸、すなわちエネルギー源である食物の咀嚼と、空気呼吸システムである「肺の発生」がなくてはならない。「肺の発生」については、前の章で述べたので、つぎは「舌の発生」を解説する。

舌の発生

サメの舌は、鰓弓と鰓腸筋の集まった鰓の基部でできており、わずかに動く舌型をした盛り上がりを示す。舌根部に鰓心臓があるから、サメでは心臓が動きの悪い舌の尾側端の基部を形成している。

両生類・爬虫類では、肺が囲心腔外の両脇に、胸から骨盤域までできるから、心臓は下顎の尾側端の基部にあるが、哺乳類では囲心腔に肺が形成されるので、心臓が肺の中におさまり、囲心腔の尾側底が必然的に横隔膜となる。

横隔膜が囲心腔底に由来することは、横隔膜神経が第四頸神経の鎖骨上神経から分かれていることからも、おのずから明らかである。横隔膜神経は、舌下神経とは頸神経ワナを介して連繋しており、胸膜と心嚢にも知覚枝を出していることは、この神経が元々囲心腔に分布していた運動と知覚の神経であったことをよく物語っている。

従来、舌下神経は、サメになくて哺乳類にあり、脊髄が脳に取り込まれたままに一二番目の脳神経となったとされていたが、延髄における舌下神経核が、迷走神経核と同レベルに存在することと、動きの少ないサメの舌筋が、すべて鰓弓筋でできていること、舌筋を支配する知覚神経が、すべて鰓弓筋神経であることなどを考えると、体壁系の骨格筋であるとする考えは明らかに誤りである。

舌がよく動くようになるのは、上陸による鰓腸の退縮にともなう、鰓弓軟骨の縮小による。肺呼吸の習熟にともなう鰓の律動運動の消退で、鰓筋と鰓弓の集合体の舌から鰓弓軟骨が退縮して一つの舌骨となると、骨格から開放された鰓腸筋から成る舌が動き出す。

交感神経と錐体路系の発生とは軌を一にしているから、舌は体壁横紋筋の特性である意志によって作られるリズム運動にともなって発達する大脳皮質運動野の神経細胞の飛躍的増加をもたらす。これも用不用の法則の用による。

この時点で、鰓弓筋由来の咀嚼筋・表情筋・嚥下筋・発声筋は、すべて体壁系の意志で動く筋肉に変容する。

腸管内臓系の要求が、思考を生んだ

動物は、食と生殖の場を求めて身体を移動することも最大の特徴とする。そして脊椎動物と植物の分かれ目がホヤである。

ホヤには、セルロースの根があり、腸捕食と腸管呼吸を行う。呼吸運動の源は波の動きであり、波のリズムを、心筋に似た平滑筋と横隔筋の両方をもつホヤの体壁筋が記憶したということである。

ホヤは、腸と体壁が一体に近く、腸の動きや分泌を制御するのが腸管に存在するパラニューロンで、元々腸管の細胞に由来する。これからパラニューロンとニューロンが分離し、まとまって腸の一部が脳と呼ばれる神経のかたまりとなる。腸と脳は、その出発点において切っても切れない一つの器官だったのである。

そして筋肉は、平滑筋・横紋筋・心筋を問わず、リズムを記憶する特性がある。腸のパラニューロンからニューロンが分離し、リズムを記憶する。このニューロンが脳となるから脳は腸からはじまるのである。

上陸して筋肉運動が飛躍的に増大すると、交感神経と錐体系路が発生するのであるが、そうすると体中がリズムを求めて動き出すのである。腸管内臓系の要求に従って、体壁筋肉系がリズム運動をする。

ヒトにいたると、手の幅、足の幅のリズムが記憶され、計測がはじまる。これが数のはじまりであり、思考と精神活動のはじまりである。つまり「腸管内臓系の要求」を実現させるのが体壁系筋肉のリズム運動であり、これをどのように動かすか計画するのが「考えること」の始まりである。思考と精神活動の発生がここにある。

精神と思考は、我々の体壁系筋肉システムに存在したのだ。脊椎動物は身体の動かし方をよく記憶しやすいようにできている。特に哺乳動物においてはこれが顕著で、これにより記憶が成立する。無意識で身体を動かせるまでに覚えることを「身体が覚える」といい、憶《おく》に記す、つまり記憶という。

精神活動と筋肉運動

憶とは、前述のように、快も不快もない世界のことで、反射運動の世界、つまり錐体外路系の筋肉システムで動く無意識の状態をいう。ことばを覚えるには、実際に大声で何度も繰り返し、舌と声と口を使わないと覚えられない。漢字やスペルを覚えようと思ったら、書いて練習しないと駄目なのはこのためである。

上腕と手を構成するすべての筋肉が、手によって描き出されるリズムとカーブを総体として覚えるのである。音色と音調とリズムを、筋肉の位置とリズムと間隔に関連させられるヒトが器楽の奏者である。色調と線と空間のリズムを、筋肉運動に変換するのが得意なヒトが画家になる。こうして、それぞれに声楽家、作曲家、彫刻家、版画家、舞踊家、等の芸術家が生まれる。

こわれた物や身体を見て、こわれ方から、こわれる原因やその法則性を掴み、それを除いて手あてをして治すのが得意な人が、機械工や医者に向いているのである。

従来、夢は睡眠中の「こころ」の作用と考えられていたが、じつはこれは思考の作用である。犬でも猫でも人間でも、夢を見ている時には眼球を活発に動かし、手と足を躍動させていることからも明らかである。フロイトは、夢を「こころ」の作用と誤解したのかもしれない。精神・思考活動と「こころ」の機能を混同したために、精神疾患の治療が大混乱に陥って今日に至っているのである。

精神・思考活動は、副交感神経・錐体外路系のみで生きていた原始型時代の「鰓腸」の摂食・呼吸と消化・生殖の基本体制を支える「鰓腸・排出系」の筋肉に、「体壁運動系・錐体路系」の機能が重層することにより、これらの筋群のリズム運動によって発生する。

鰓腸部分では、顔面表情筋・舌筋・頸筋群の協同作用で習得される「ことば」という呼吸と同調したリズム運動によって、精神・思考活動が飛躍的に発達した人類が誕生した。「ことば」は摂食・咀嚼という「内臓頭蓋の蠕動運動」で機能する筋群のリズム運動を、交感神経系・錐体路系の思考レベルのリズムに流用したものである。

初期の吸啜の習得に失敗した乳児は、小児科医が診察して全く異常所見が無くても、話することも考えることもうまくできなくなることがしばしばある。一定の早い時期に、吸啜で生じる舌と頬部・喉部の一連の蠕動運動の習得に失敗すると、ことばのみならず思考能力までもが発達しなくなるのである。

摂食後の食物の消化には、呼吸運動と連動したゆるやかな手と足のリズム運動による副交感神経主導の散歩が理想である。

霊長類では、生殖の引き金が鋤鼻器のヤコブソン器から視覚に移っているから、ヒトではポルノグラフィイが世界中で制御を失っているが、これも季節や年齢のリズムと同調させないと、今のままでは精神・思考の荒廃につながり、人類の将来を不安にしている。ヒトの叡知で早急に正しい系統発生に根ざしたリズムの回復が望まれる。

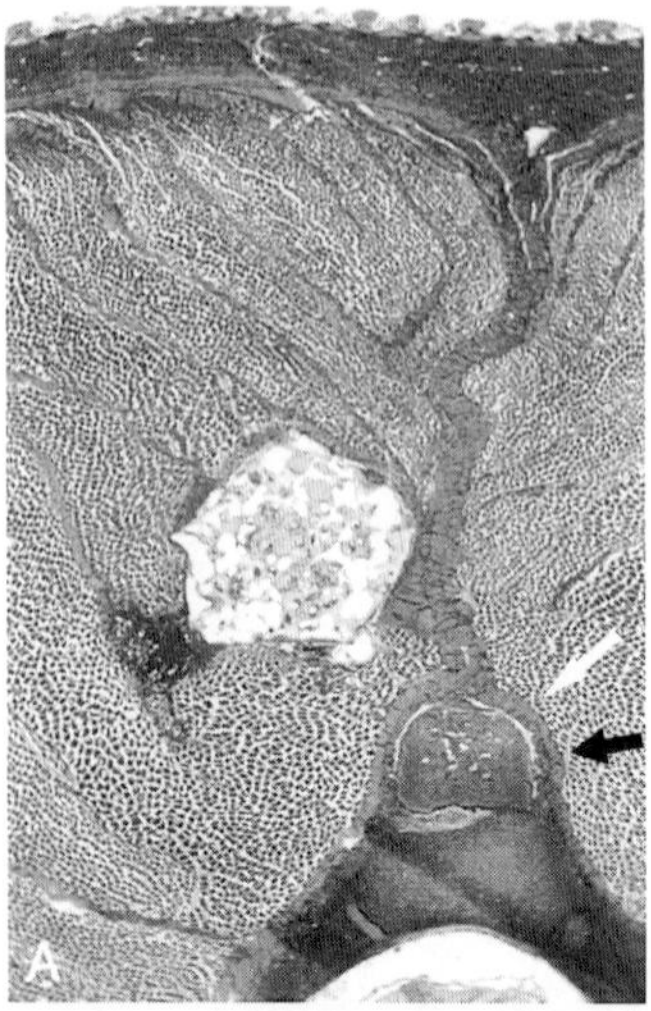

A　ドチザメの背筋部に、アパタイト人工骨髄を移植する。3カ月すると、脊椎骨に鳥類とまったく同様の造血巣が誘導される（矢印）

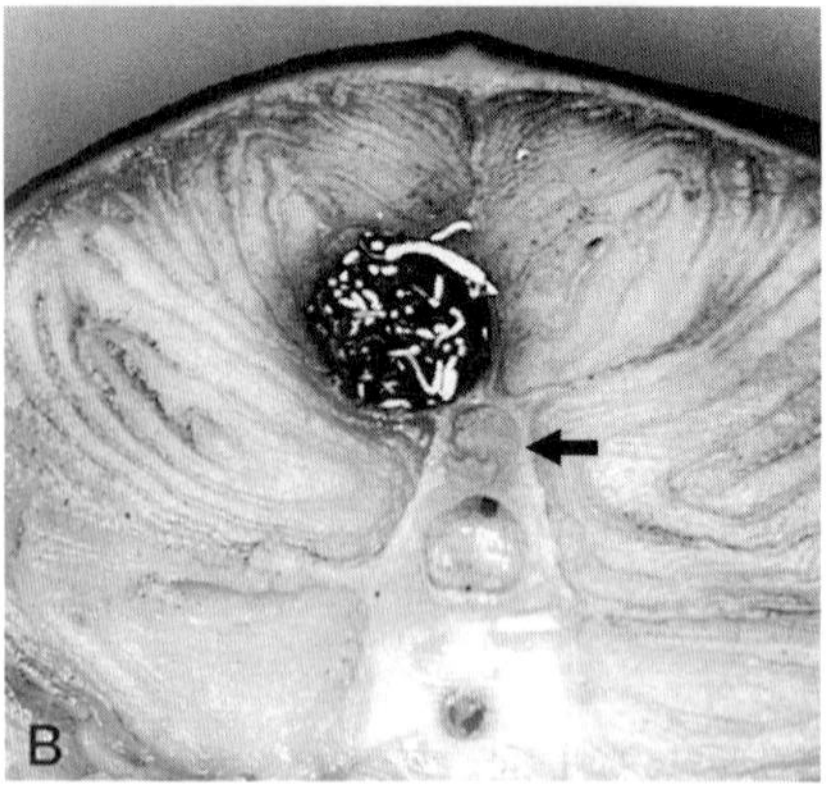

B　チタン電極の人工骨髄チャンバーを移植すると、Aと同様に、骨髄造血巣が脊椎骨に異所性に誘導される（矢印）

実験進化学の最前線（1）

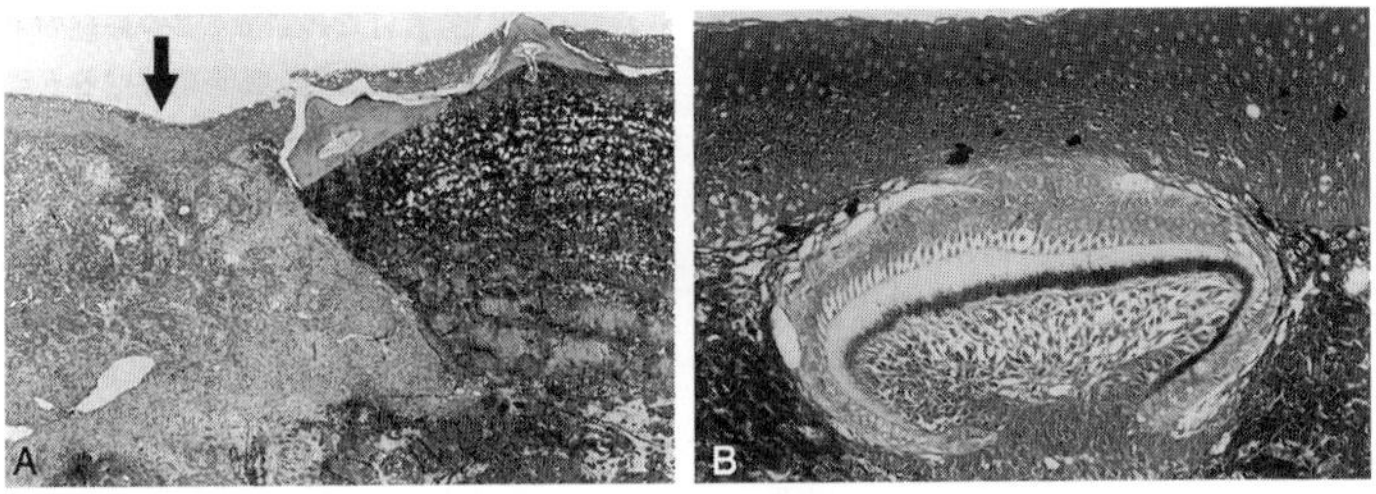

1、皮膚の移植‥‥ネコザメにアフリカツメガエルの皮膚を移植
A　ネコザメに移植して生着したアフリカツメガエルの皮膚（矢印）。楯鱗（皮歯）が途中で切断されている
B　アフリカツメガエルの皮膚を、ドチザメに移植すると、カエルとサメのキメラ（あいのこ）の楯鱗（皮歯）が発生した

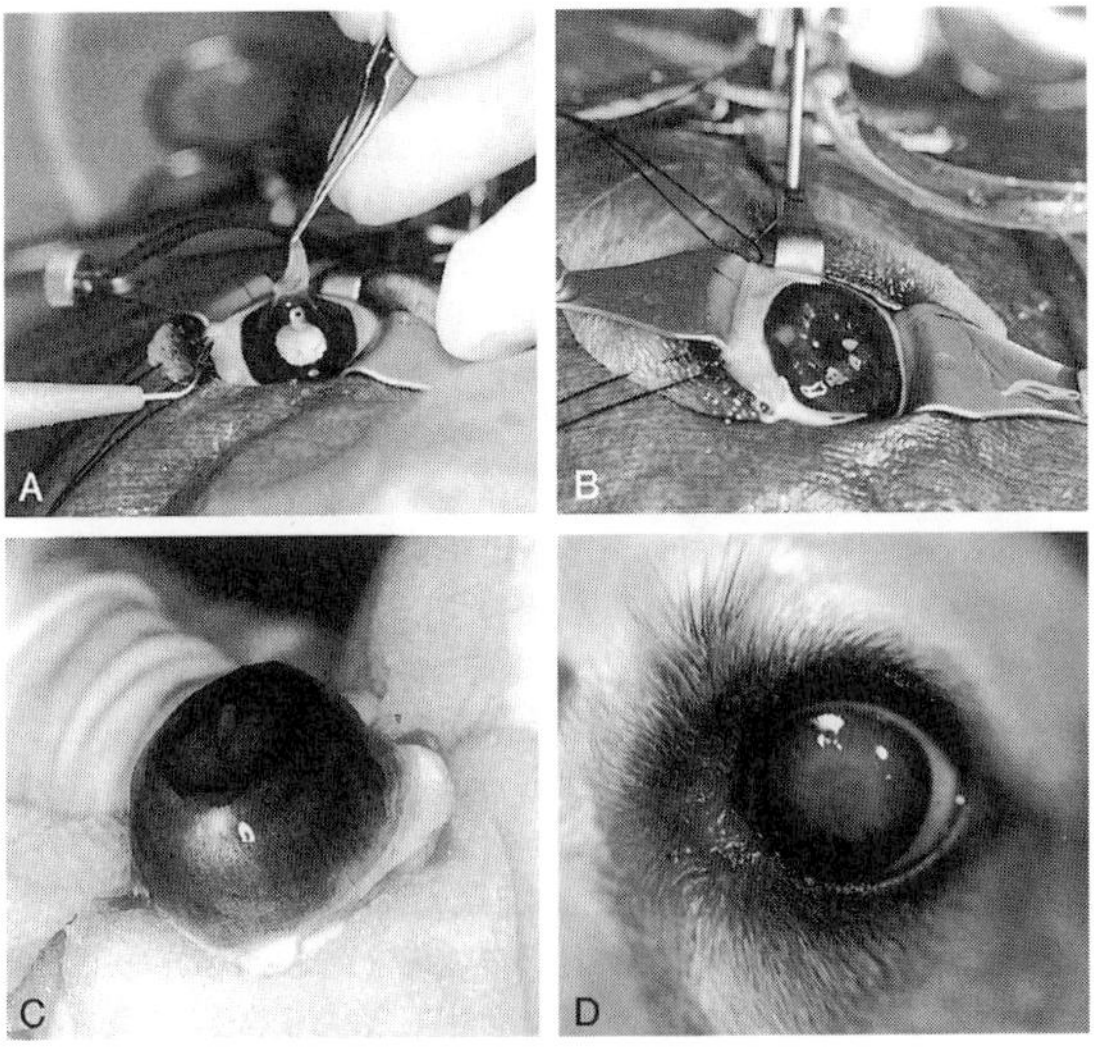

2、角膜の移植‥‥ドチザメの角膜をイヌの眼球に移植したが、拒否反応がまったくなかった
A　イヌの角膜の摘除
B　サメの角膜を縫合
C　サメの眼
D　手術後1カ月経過。抜糸しなかったため白く濁っている

実験進化学の最前線（2）

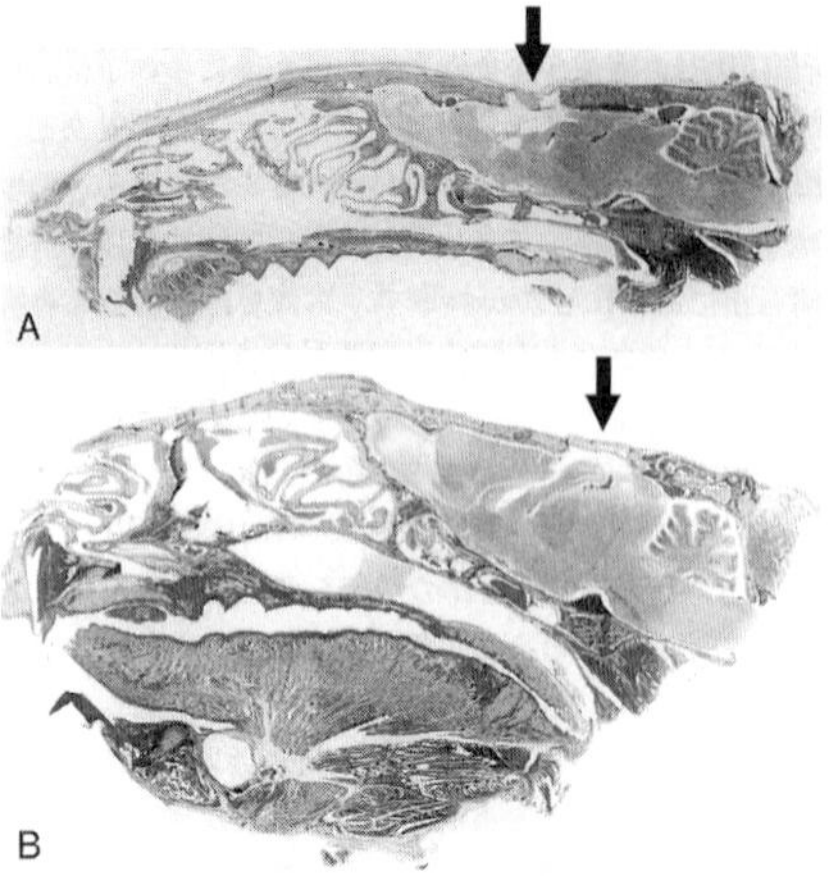

1、脳の移植……ラットの大脳の一部を摘除し、そこにドチザメの脳を移植した

A　3カ月経過時の標本
B　6カ月経過時の標本
いずれもまったく拒否反応がなく、ラットの行動にも異常は認められなかった

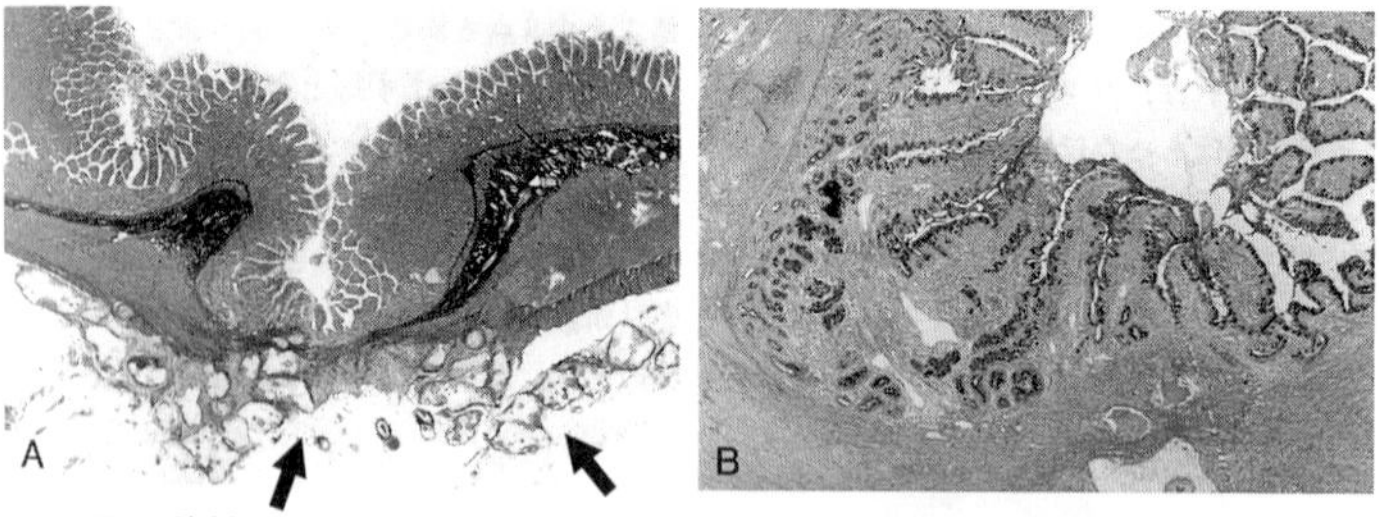

2、腸の移植····ドチザメの腸を、イヌ（ビーグル犬）に移植した

A　血管誘導のため、アパタイト顆粒を併用する（矢印）。2カ月経過時の標本
B　コブレット胚細胞の多いサメの腸上皮に似たイヌの腸に置き換わった

実験進化学の最前線（3）

第五章　口腔科の復興を夢見て

Chapter.5

アメリカに干渉された日本の口腔外科

蕪村の「春風馬堤曲」の一節に、

「もとを忘れ末を取る接木《つぎぎ》の梅」

というのがある。今の日本の医学がまさにこれである。

わが国では、明治維新政府の指導者の油断と二度の国難で、本道の医学に還るチャンスを二度も失っている。

これまで述べてきたように口腔・顔面というのは「生命の要」の器官であるから、中世の文明国には、すべて口腔科医がいた。これが明治八年頃にアメリカの意思で曲げられて、日本の口腔の医療は、歯と入れ歯の処置だけしかできないような制度となってしまった。

つまり、アメリカの接木が生着したのである。

わたしの母校の東京医科歯科大学の前身である東京高等歯科医学校を創設された島峯先生は、この流れを正そうとして「口腔科医科大学構想」を掲げて邁進されたのであるが、関東大震災と第二次世界大戦という二つの国難で実現されることはなかった。

デンティストリー(dentistry)は、アメリカの臓器別医学の走りである。この臓器別医学には、ヒポクラテス以来の医学の基本となっている因果の法則が抜けており、臓器移植で代表されるようにすべてが短絡的で、病気の原因を考えない。

この医学には、生体力学がほぼ完全に欠落しているから、身体の力学作用で起こる病気については、不思議な現象としてしか思っていないのである。世界中の歯学で扱っている顎・顔面の変形症や歯列不正、顎関節症は、まるで群盲が顎を象かと思ってなでているような観がある。

現在、アメリカ在住の日本人が、単なる顎関節症や顔面変形症、人工歯根などの治療のために、メールをたよりに飛行機でわたしのもとに通院している例もある。その意味では、情報革命で国境の壁がないぶんだけ、本物の医療に巡り会いたいと思えば、それがかなう時代になってきたようである。

香具師の教程

わたしが島峯徹先生の「口腔科医科大学構想」の存在を知ったのは、大学院を修了して臨床に戻って数年経った昭和四八年(一九七三)頃のことである。大学を受験する昭和三三年(一九五八)頃に、医者になった高等学校の先輩から、

「歯科が旧制の専門学校から新制の六年制の大学になったから、これからは医科大学と同様に、充実した教育がわが国でも実施されることになるだろう」

という話をしばしば聞いて、将来に顔面・口腔の医学に進むことができれば、きっと有意義な人生が待っているだろうとひそかに思ったものである。

しかし大学に入って、すでに教育課程の頃から、少し様子が違うことが肌で感ぜられた。まず世間が「歯医者の学校」というと、そこの学生をまるで変人のように扱うことに気がついた。

当時、国立では東京医科歯科大学と大阪大学だけに歯学部の学生がいて、両大学でも合計わずか八五名であった。私立と公立があわせて五校である。当時、この職種そのものがひっそりと存在していた感がある。

後で判ったのだが、日本古来の口中医が明治になってなくなり、歯抜き・入れ歯士の香具師の流れをくむアメリカのデンティストリーが、明治維新政府の施策を無視して入ってきた。これはアメリカが文化面でも日本をリードする目的で民間人を育成し、その人たちの要求によって両政府の制度を変えてしまった。わが国の行政府はアメリカの内政干渉に全く気づくことなく、ほとんど積極的に対応をすることがなく今日に至っている。

わたしが学生の頃の話だから、敗戦後一五年も経った頃のことであるが、この段階でも、こんなにさえない状態であったのは、最初の段階で政府の施策とはすでに相容れないためだったからであろう。

専門課程に移ってからの一年目は、ほとんどの講義が医学部と合同であったが、二年目頃からは、入れ歯をはじめとする歯の処置法を学ぶ、現在の歯科技工士学校にきわめて近い教程でできていることに気がついた。

つまり、基礎医学以外に、内科学や外科学をはじめとする、ヒトの身体に発生する病気の治療に関する臨床医学が、ほとんど抜けていたのである。その上、「生命とは何か？」「内臓頭蓋とは何か？」「顔とは何か？」「口とは何か？」「歯とは何か？」「骨とは何か？」といった基本的な疑問に答えられるような科目が、大学にはまったく存在しないのである。そして戦前には「歯科医学」と呼ばれていたこの学問が、敗戦後「歯学」と呼ばれるようになり、名実ともに医学がなくなっていったのであった。

生命とは何かを考えたい

それでも解剖学で三木成夫先生の系統発生学と比較形態学で「生命とは何か？」を研究する手法を学び、臨床家となってからも一生の間に一度くらいは生命形態を通して、なんとか脊椎動物の謎を究明したいと考えていた。

形態学とは、動物の形を通して「生命とは何か？」を考える生命科学である。したがって究極では、宇宙の構成則についての深い洞察と理解が必要なのである。

そんなことを考えながら、医学の世界を見渡すと、顔という生命の要となる複合器官が、医学の視点から世界的にまともに研究されていないことに気がついた。医学の世界もスカスカで見落としだらけであることに驚きを禁じ得なかった。顔とは何かを考えた人がいなかったのである。

実地歯科を二年経験して、自由に将来を選べる身分に戻ったので、三木成夫先生の母校である東京大学医学部の大学院に入った。

当時、医学部紛争のインターン廃止運動が始まり、一般の国立大学医学部では臨床医学をボイコットしていて、大学院は基本的には基礎医学部だけであった。それで、解剖学を選ぶか、臨床の口腔外科学を選ぶべきか、少し迷ったが、臨床医学のほうが奥行きが非常に深いことを考えて、口腔外科の大学院を選んだ。

ベッドサイド教育(入院患者への臨床医学実習)の一年後に、研究テーマを、当時、医学・生物学の最先端の生化学に決めた。口腔科の医学は、骨格をもった消化管の観点からいえば、形態学が基幹の学問であったが、当時の解剖学は古典に過ぎていて、新時代を思わせる生命現象の謎の解明はむずかしく思えたからであった。

しかし東大医学部の生化学教室は、当時、古色蒼然としていて、百年前に流行ったような脂質の構造式の分析が中心であったから、解剖学とは大差ないようであったが、分析手法だけは現代風であった。

大学紛争のあおりで、ガン細胞膜の脂質の分析という、敗戦後のわが国の研究の特徴であるきわめて狭い分野で誰もやっていないことを見つけるような研究から、当時最先端の細胞小器官ミトコンドリアの機能、ならびに器官形成におけるミトコンドリアＤＮＡ・ＲＮＡ・蛋白質合成と細胞核のＤＮＡの相互作用の解明という、分子生物学的研究にテーマを変えたのが、今日の基礎と臨床研究の成功につながったのである。

一生の間にはさまざまな問題が起こる。しかしそれらの問題をその都度、真剣に考えて、真剣に取り組むことが何よりも大切であると思う。ともかく、三〇数年前に細胞小器官ミトコンドリアの形態と呼吸機能と遺伝子の機能の相関性を研究できたことが、後の進化・免疫・骨髄造血という脊椎動物の三つの謎の解明に力となった。もちろん当時はこれを知る由もなかった。

臨床に復帰してからは、細胞呼吸や遺伝子の機能という分子生物学の成果と、口腔科の臨床医学の世界とでは、およそ接点がなかったので、これをなんとか臨床と結びつけたいと考えて、系統発生学を自分で学習しながら、口腔を中心として全身の病気を診察することに専念した。

「歯学」と「口腔科医科大学構想」

この頃に、技工士学校型の歯学を作ったのが島峯徹先生の後を継いだ長尾優先生であることを知り、同時に島峯先生の「口腔科医科大学構想」の存在を知った。これが関東大震災と今次大戦の二つの国難で潰れていたのであった。

島峯先生の大志が、系統発生学の小金井良精教授の指導によることも知った。日本人として最初の解剖学の教授となった小金井先生は、脊椎動物の祖先が、鰓のある口の嚢《ふくろ》でできている原索類(ホヤのこと)にあり、この領域の医学を究めるにはアメリカのデンティストリー(dentistry)では無理があり、わが国古来の口中医の復活が必須との考えをもっておられたということだ。

小金井先生と島峯先生が、口腔科の復興を志していた頃、東大にはすでに歯科学教室が存在していたが、この歯科学というのは米国のイーストレーキ(Eastlake)やエリオット(Elliot)によって、アメリカの意志として民間に持ち込まれたものである。このために、わが国の伝統の口中医が消滅していたのであった。この「歯科」を明治維新政府は追認したのである。

大学院を修了して臨床に専念していた昭和四八年頃、わたしはこの口腔科医科大学構想は昭和四六年(一九七一)に、カリキュラムまでできていたことを知ったのだ。こうしてさまざまな疾患をもった多様な患者が、口腔治療を受けにくる東大病院歯科口腔外科において、口腔科医の名医となることを夢見て、わたしは自己研鑽の道を自習し始めた。

昭和四六年頃、わたしは上司から人工歯根をあてがわれたが、この人工歯根は、どうにも形態と機能が不調和で困ったものであった。上司が絶対的な権力をもち、自由な発言が許されないような当時の医学部の研究環境にあって、それから昭和六二年(一九八七)に、新型の人工歯根を自分で開発するまでの一五年間は、わたしはただ思考研究をひそかに続けることと、臨床であらゆる種類の口腔疾患を治療することに専心していた。これだけが生活であった。

したがって歯列不正や歯周病と口腔習癖との関連をはじめとして、顎関節症と口腔習癖の矯正などを、自分ひとりでひそかにまとめるしかなかった。こんなていたらくで、四二歳の厄年を迎えた昭和五七年(一九八二)に、わたしには「四〇にしてたつ」べき学術研究業績が、学位論文の「ミトコンドリアの器官形成に関する分子生物学的研究」の三篇と、臨床のまとめ二篇しかないことに愕然とした。

このときの気づきがあって、わたしはそれまで細々と地道に学習していた口腔科医への道を、急遽、島峯先生の口腔科医科大学構想に従うように変更し、精神科疾患と口腔症状、皮膚科疾患と内臓頭蓋……というふうに、婦人科、泌尿器科、小児科、内科、整形外科、耳鼻科、眼科……とあらゆる科と、顎・口腔疾患の症状との関連を、深く観察して、いつでもまとめられるように体制を作ることにし、並行して人工歯根の構想も実現するべく手はずを整え始めたのであった。

「人工歯根療法」「人工骨髄の開発」「口腔とその周辺の習癖」の研究

医学部中が揺れるほどの騒ぎがあって後に、ようやく自由に診察と研究と学生の教育に携わることのできるまで環境が整ったのが、昭和六二年(一九八七)ころであり、四七歳のときであった。

このときに、一五年間考えていた「形態と機能と材質」の三者の調和した人工歯根を開発した。そして「人工歯根療法」の確立を目ざし、並行して口腔習癖と疾患の関連を研究しながら、それらをまとめて順次発表していった。

前に述べたように、固有歯槽骨と歯周靭帯(歯根膜)とセメント質をもつ釘植型の人工歯根を、幸運にも世界に先駆けて開発できたのは、生体力学というエネルギーを、細胞の組織誘導に活用できたからである。

一五年間のひそかな臨床研究で、口腔習癖による筋肉の力や、自重で変形が生ずる原因が、重力を主体とした力学エネルギーにあることに気づいたのである。習癖は口腔のみならず寝相や頰杖、器楽の吹奏や楽器の演奏、スポーツの姿勢までも含まれる。このため、その定義を「口腔とその周辺の習癖」と名づけることにした。

人工歯根の開発研究では、今日の工学で最先端の有限要素解析法を用いて、成犬や成猿に植立した人工歯根の組織標本の応力解析を始めた。これが力学現象の源となる重力の定量的作用に目覚めるきっかけとなった。

このような解析をしながら、生体内の応力が、骨の改造にどのように反映されるのかを、正しく分子生物学的に解明できるようになるまでに七年を要した。その間に、生体力学刺激による人工骨髄造血器官を、これも世界に先駆けて開発することができた。

人工歯根のセメント質と、人工免疫器官の骨髄造血巣における異所性の誘導の理論を考きた。

察してきた結果、すべての生命現象の基盤に重力の作用が存在することが明らかとなってこの一連の研究で、わたしの考えがルー(Roux)のバイオメカニクスと生命発生機構学と同じものであることがわかり、生命の発生と進化が、重力で解明できることを知ったのが平成六年のことであった。

こうして、口腔習癖という力学刺激が、変形症や免疫病に深く関連するという理論的背景が整ったのである。これがもとで、口腔とその周辺の習癖で、顔や歯型、背骨が曲がる分子生物学的な機序もわかってくるとともに、細胞呼吸のジェネレーター(発生器)が骨髄造血巣をはじめとする造血脈管系にあることもわかってきた。

そして骨と軟骨が、エネルギー代謝の物質的基盤であり、骨のアパタイトが呼吸系の高エネルギー結合のピロリン酸エステルを、また軟骨のコンドロイチン硫酸が嫌気的解糖の高エネルギー結合チオールエステルを供給するプールになっていることもわかってきた。

そして形態を支える骨格系の骨(軟骨を含む)が、座位、立位を続けることで重力に対応しているかぎり、造血のジェネレーターである骨髄が造血を止めること、そして骨休めをして重力解除をして血圧が九〇ミリ水銀柱に下がると、ようやくにして造血のリモデリングが始まることもわかってきた。

また、細胞レベルの血液細胞の呼吸、代謝、消化も、細胞のリモデリング、つまり個体や器官の形の維持も改造も変形も、すべては究極では細胞核の遺伝子と、ミトコンドリア遺伝子の機能発現によることもわかってきたのだった。

大学院時代の分子生物学と口腔科臨床の基幹となる形態学とが、生体力学によって統合されて、これまでの研究のすべてを統合することができたのである。

細胞の内呼吸系をつかさどるミトコンドリアの分子遺伝子学・分子生物学から出発して、骨の形に関する「ウォルフ(Wolff)の法則」と骨髄造血と免疫系までがつながり、ようやく免疫病の治療が可能となり、「治る免疫学」とともに「重力対応進化学」を樹立することができたのである。

容姿・容貌の医学と免疫病

一連の研究によって、容姿・容貌の医学を構築することができた。つまり脊柱側彎《わん》をはじめ、前彎、骨盤のゆがみから関節の障害はもとより、顔の変形や頭蓋の変形症にいたるまで、その原因がようやく明らかになってきて、治療法が確立された。

同時に、免疫病の大半が、個体から発せられたり、摂取されるエネルギーの偏りで発症することがわかってきた。こうして免疫病の原因がわかってくるにつれ、免疫病を治すことのできる免疫学ができたのである(一九九七)。つまり島峯先生の構想になる口腔科臨床医学の体系がようやく完成しつつあることを実感した。

わたしが大学を卒業した昭和四〇年(一九六五)頃には、口腔科医科大学構想を創設された島峯先生の後を継いだ長尾先生が、昭和三五、六年頃に七五歳で学長を退かれ、その就職先を作るということで、それまで大阪大学ほか国公立・私立で計五校のみにしか認めなかった歯学部を解禁することに尽力された。

そのため、長尾先生が退官されてからわずかに七〜八年の間に、国立、私立を含めて歯科大学と大学歯学部は、五校から一気に二九校にまで増えたのである。しかし日本に歯科大学が二九校もできた頃には、すでに文明国では、アメリカのデンティストリー(dentistry)の時代は終わっていた。むし歯の原因菌が同定され、予防法が同時に確立していたのである。

しかしわが国では、この頃、むし歯をぬいて入れ歯で治療するという大混乱状態が国中で起こっていたのである。今から一〇年前に、長尾優先生の就職先だった歯科学校で国試漏洩事件が起きたのである。

数年ほど前に、ある歯科矯正学の研究会で講演を依頼されたことがあった。その席で歯列不正や顔面の変形症などが、機能性の疾患であり、その原因論として寝相・片嚙み・口呼吸の力学について述べた。

するとその会を主催された名門歯科大学の歯科矯正の教授に、

「あなたは香具師である」

と批判されたことがあった。理由は、歯列不正は今日、多数決で遺伝によるということになっているのに、「頭の重さや胸の体重で顔や脊椎が潰れる」などと即断するのは香具師だという理由である。

しかし最近では、生体力学に目覚めた教室員がふえ、この教授の旗色は悪くなったと聞いている。今では、歯科大学や医科大学の先生に学ぶものは何一つないとする腕のいい臨床家もふえてきた。

今日、わが国では、歯科のみならず、一般医家においても、医学者は危機的状況にあるといってよい。その理由は、専門医と称する医学者が病気を治せなくなっているからである。病人を医することを研究するのが医学者である。治せない医学者は存在意義がないのである。

アメリカ医学への「歯科の恩返し」

今日、内科では生活習慣病というのがある。これは機能性の疾患のことである。フィルヒョー(Virchow)が定めた細胞病理学による疾患の分類では、「その他」に属する疾患である。生活習慣を分析してみれば、それらの生活習慣病は、食物や嗜好品から寝相による自重の作用や、筋肉の使い方などスポーツを含めた体の使い方の誤りなどによって起こるものである。

空気・水・栄養・ミネラルから湿度・温度・圧力・重力から筋力など、質量のないエネルギーをはじめとする、あらゆる物質を含む物理・化学刺激という広義の生体力学刺激の偏りで病気が発生するのである。

もともとアメリカの意志として入ってきた歯科を長尾先生の学校で学び、これを東大で島峯徹先生の「口腔科」に発展させるために自己研鑽を重ね、口腔・顔面という生命を代表する器官を通じて、患者の身体全体を詳細に診察しつつ、多種多様な疾患を治療した結果、呼吸法を正し、エネルギーの摂取のしかたを正すことにより、多くの免疫病を根治的に治療することが可能となった。

こうした体全体を治すことのできる口腔科医が一人でも多く誕生すれば、変形症と免疫病で困っている世界中の多くの人々の光明となるだろう。臓器別の医療を旨とするアメリカ医学では、病める人をそっくり治す東洋医学の考えがもともとない。ほとんどすべての感染症疾患の原因となる微生物の寄生体は、口と鼻および生殖系から入る。その意味で口腔科医は、前述のように"Arzt von Arzte"(医者のなかの医者)となれるはずである。

アメリカの主導で、民間から発生したわが国の「歯科医」を良導して、口腔科臨床医学を学ばせ、すぐれた口腔科医を養成すれば、欧米でも治すことのできない機能性疾患の変形症と免疫病を、エネルギー(重力・温熱・呼吸の代謝・筋肉運動等のエネルギー)を制御することによって治すことが可能となる。

こうして、欧米をはじめとして世界の医学を、生体力学にめざめたわが国の口腔科医が主導となって正していけば「鶴の恩返し」ならぬ「歯科の恩返し」をすることができるだろう。

一九世紀の医学と歯科医学

従来の口腔科医学は、器質性の疾患の治療に偏ったもので、これはフィルヒョー(Virchow)の細胞病理学の基礎の上に成立する医学である。口腔疾患は、奇形、感染症の齲蝕症・歯周病・口内炎・齲蝕に併発する外科的感染症、外傷、嚢疱、腫瘍、その他に分類されている。

医学は、一九世紀にはヨーロッパにおいて目覚ましい進歩を遂げた。近代微生物学がパスツール(Pasteur)によって創始され、コッホ(Koch)によって著しい進展をみせた。また近代病理学がフィルヒョーにより、また一般生理学がベルナール(Bernard)により創始された。

これらの基礎医学の基となった形態学は、一七九五年にゲーテ(Goethe)によって創始されたが、これに先立つこと五〇年、医師のリンネ(Linne)の分類学の完成が、その後の解剖学や比較解剖学、古生物学の発展の基礎をなしている。一九世紀に花開いたこれらの学問は、肉眼的観察に基づいた形態学、病理学、生理学から始まり、やがて顕微鏡の発達に伴って細胞レベルの観察を中心とした医学の体系へと発展していった。

このような創成期のヨーロッパ医学とは別に、実利を主体とした独立戦争後の米国において、駄目になった歯の上にいかにうまく義歯を作るかといった、義歯に合わせた処置法の体系としてデンティストリー(dentistry)が生まれてきた。「iatry」とは医術のことである。精神医学(psychiatry)や小児科学(pediatrics)とは異なり、デンティストリー(dentistry)は医学の体系には入っていない。錬金術(alchemy)から化学(chemistry)ができたように、デンティストリー(dentistry)はデンティスト(dentist)からできたものである。

では、デンティストとは誰かというと、つまり「入れ歯師」のことである。手技の体系をもつ「dentis」師なのである。米国型の「dentistry」では、口の病気の根治療法は望めない。予防もむずかしい。それは、前述のような学問の形成過程に由来しているのである。

一方、ヨーロッパには、フォシャール(Fauchard)の流れをくんで「口腔科(stomatology)」が存在したが、一九世紀の米国流の技術の方が、当時の義歯の需要に応えるには有効であったため、「デンティストリー(dentistry)」が口腔科(stomatology)を圧倒したためである。ウェルズ(Wells)やモートン(Morton)が、米国でよりよい義歯を作るために、無痛で残根を抜く麻酔法を発見するまでは、痛みに対しての医術は催眠術のみが頼りであった。

一方、歯の切削は、人力による時代であったから、医師がこういった野蛮な手技に熟達することが困難であったのは無理からぬことであった。このようなデンティストリー

(dentistry)の発達過程で、本格的に科学的手法を歯科医術に導入したのが、米国の理学士のミラー(Miller)であった。彼はヨーロッパで理学を学ぶ途中、ベルリンで歯科医の娘に巡り逢ったため、志望を歯科に変えて米国で免許を取った。

その後、ベルリンに戻り、歯科医業のかたわら、コッホの門下生として研究を始め、理学士の技能を生かし、化学寄生体説(Chemicoparasitic Theory＝化学細菌説とも訳される)を提唱した(一八八九)。

その業績により、後に彼はシカゴ大学に歯学部長として招聘されたが、過労がたたって間もなく死んでしまった。彼の提唱した説が大筋では正しかったのであるが、細菌が同定されるまでに約一〇〇年間を要した。臨床的には、細菌の作用が主要因であることは自明であったが、学問の名の下に多くの学者がこの説を否定した。その間に文明国の国民の口はめちゃくちゃになってしまったのだ。

歯と顎骨の生体力学の誕生

一九一〇年に、グリーンフィールド(Greenfield)は、友人の外科医の用いた骨折の鉄線縫合に触発されて、金・イリジウム合金の人工歯根(artificial root)を開発した。彼自身の説明で、電信電話に匹敵するほどの革命的発明であるとして発表されたが、残念ながらほとんど普及しなかった。

一八九二年に、ベルリン大学の外科学教授のウォルフ(Wolff)は、膨大な骨の手術の臨床経験に基づいて、骨形態の機能適応現象として「ウォルフの法則」を発表した。一九二〇年頃に、歯列矯正の専門医のアングル(Angle)は、この「ウォルフの法則」を知るに及んで、歯列不正は、筋肉の力も含めた歯と顎骨に及ぼす外力によることを確信した。

彼は「ウォルフの法則」を、歯と顎骨に応用すれば、理想的な歯列弓が得られることを確信して研究を進めた。その結果、口呼吸習癖と上顎前突の関連性を明らかにすることができた。ところがその後、歯列矯正家が、犬を用いた交配実験で、歯列不正は遺伝によるということに決めてしまった。

一九二四年に、スタラート(Stallard)は、睡眠姿勢習癖が歯列弓の形状や顔の形、鼻の歪みに絶大な影響を及ぼすことを「Dental Cosmos」に発表している。その直後にモンソン(Monson)は、歯列弓や顎関節頭の立体構造が四分の一インチの球面に乗ることを発表している。

スタラートの二年後には、シュワルツ(Schwarz)がドイツで睡眠姿勢のみならず生活姿勢も、歯列弓の形や顔の形に影響することを発表している。これらの業績は、ほとんど実地臨床においては黙殺され、今日に至っている。

一方、古生学者のシンプソン(Simpson)は一九三六年に、トリボスフェニック型(切断磨砕型=引きさいたり、すりつぶしたりする哺乳類特有の歯)の臼歯の概念を、また、バトラー

(Butler)は一九三九年に顎骨の場の理論を提唱している。これらはすべて、歯と顎骨の生体力学に関する研究とみることができる。

この目覚ましい発達を遡ること約一五〇年前の一七五八年に、リンネ(Linne)の分類学が完成し、哺乳類が定義された。

哺乳類は、新生児期に哺乳のシステムをもつ動物で、これは幼児期に入ると二生歯性ないし一生歯性の釘植歯の咀嚼システムに変わる。哺乳類はもとより脊椎動物の歯は、食性に対応して形が変化する不思議な器官である。

この理由で、リンネ以後の当代一流の学者が、歯の形態学研究になだれ込んだが、米国流の歯科大学が世界をおおいつくした今から三〇年前頃から、歯の学問はほとんど死にかかって今日に至っている。生体力学が発達した今日こそ、歯の学問を復活させ、これにより「脊椎動物とは何か?」を解明すべき時がきているのである。

歯科医学と歯学

一七九六年に、若冠二六歳で比較解剖学の体系を立てたキュヴィエ(Cuvier)は、高等動物にとって、歯は最も生命に本質的な器官であると述べている。歯をみれば、他の臓器のシステムの全容が想像されるという。前述のようにスウェーデンの臨床医家のリンネが哺乳類を定義したが、この宗族の唯一の定義器官が、靭帯関節をもつ釘植歯である。キュヴィエとリンネ以後の一流の学者が、血眼になって歯の研究にのめり込んだのはこの理由による。

時代は下り、今次大戦後の米国では、全身麻酔下で、治療可能な歯周病の歯などを一時に全顎三二本抜いて、総義歯にしてしまうような処置法が流行った時期があった。このように、ふた昔前の米国とわが国の医者、歯科医、看護婦などの医療関係者ほど、歯を粗末にし、歯を馬鹿にした時代と人類はいなかったかもしれない。

今日でも、歯周病の進行例や、障害もない埋伏歯などをやたらに抜きたがる歯科医がいるが、これらは機能外科療法を工夫すれば、容易に生かして長期に機能させることができる時代がだいぶ以前から始まっている。

このように無闇に抜きたがる医者の癖は、無麻酔下で抜歯できることが、無能で無茶な外科医であっても、その存在価値を確保できた西洋の古い時代の名残りであろう。

一九世紀に確立された組織学や病理学、生理学、生化学、薬理学は、二〇世紀にはさらに電子顕微鏡による微細構造や分子レベルの世界に発展していった。遅ればせながら歯科もこれに追随した。病理組織像を示す器質性の疾患や、細菌に起因する疾患の研究が扱いやすかったために、この方面は今世紀に入ってもよく発達した。

しかし今日、現実にはすでに飽和してしまっており、抜本的な発想の転換が必要とされる時期が到来している。もともと米国で発達した歯科学(dentistry)は、入れ歯に合わせた処置法を中心とした稼業(なりわい)から発した体系であるから、これが歯科大学や大学歯学部になったとしても、この体系が自然に医療の体系に変わることはありえない。

歯学では、なぜ歯が揺れるようになるか、なぜ歯並びが年齢が進むとともにくずれてくるか、なぜ睡眠姿勢習癖が激症性の歯周病を引き起こすか、なぜ顎や顔の形が歳とともに歪んでくるか、なぜ体の使い方の偏りで顎関節症や脊椎の側彎が生ずるか……などについては、あまり深く考慮することなく、一括して原因不明のままで処理する。原因を解明する前に短絡して、揺れた歯は抜いて入れ歯にする。

この体系の「治療法」とは、ほとんどが対症療法を主体としているようにみえる。今日では、むし歯も歯周病もほとんど原因が解明されているため、生涯にわたり、これらの疾患と無関係に生活することができる手法(マニュアル)がほぼ完成されている。

実際、わたしの診察室を訪ねてくる「顔面変形症、顎関節症、歯列不正、アトピー性皮膚炎、喘息、膠原病、微熱」などの五〜二〇歳ぐらいの患者は、ほとんどむし歯と歯周病には無縁である。ただ生活習慣として口の使い方を誤っているだけである。したがって、いまや齲蝕《うしょく》症と歯周疾患のみが、われわれ口腔科の専門医の守備範囲ではありえないのである。

元来、これらの疾患は、単独で発症することはない。ほとんどの症例で、齲蝕と歯列不正、不正咬合、歯周病と顎顔面変形症、脊柱側彎などが合併し、ときにこれに随伴して顎関節症が発症し、多くは同時に潜在性ないし顕在性の免疫疾患を合併する。
したがって歯や顎や顔のパーツを治療する際にも、身体全体の臓器の相関性を診察しながら診療を行う必要がある。

わが国の口腔科医科大学構想の挫折

米国流の歯学の欠陥は、すでに八〇年前から明らかであった。これではわが国の口腔医療は立ち行かないと考えて、欧州流の口腔科の医学の体系と、米国流の歯科学の体系を統合して、わが国独自の「口腔科の医学の体系」を確立する目的で、旧制の口腔科の医科大学を世界に先駆けて設立しようと、営々と努力していた学者がいた。

これが前述の、官立の歯科教育機関を東京高等歯科医学校として最初に独立させた島峯徹先生である。この口腔科医科大学の構想が最初に挫折したのが、大正一二年九月に起こった関東大震災であった。

その数年後に、世界恐慌が起こり、震災の八年後の昭和六年には、わが国は満州事変を起こし、その一〇年後には、これが引き金となって世界大戦に突入し、明治以来の近代日本はあっけなくつぶれてしまったのである。

この敗戦時の昭和二〇年に島峯徹先生が逝去され、後継者が島峯先生の遺志を完全に黙殺したために、口腔科医科大学構想は霧消した。営々と集められていた教育陣は、なんと東京高等歯科医学校（現・東京医科歯科大学）の医学科の創設に回されたのであった。

進駐軍のリジレー中佐ですら、東京には十分多数の医科大学があり、歩いて一〇分の所に国立の東京大学もあるので、医学科をつぶすように強力に指導したが、これをはねのけたのが後継の長尾優先生であった。

長尾先生は東大医科の出身であったが、米国流の歯科を選んだために筆舌につくしがたい苦労をあじわったことを述懐されている。そのため長尾先生は、医科コンプレックスに陥ったそうである。

戦前には「dentistry」は歯科医学と訳されていた。長尾先生は、これを歯学とあえて変更した。この後は転落するようにこの領域の治療術は医学の体系から離れていった。わが国の歯科医学の歴史を思い起こし、わが国の誇る島峯徹先生の提唱された「口腔科医科大」の構想を実現することが、二一世紀の課題であると考える。

わが国の歯科医学の成り立ち

元来、わが国の医療制度の大本は、奈良時代に始まる。この時代から明治時代に至るまで、口腔の医療は、制度上「口中医」が担当した。「口中医」を代々つとめた丹波家は、兼康が家康の侍医として有名である。そして副業として歯磨き材を売っていたのが「かねやす」で、今も本郷三丁目に残っている。

この他に制度外に、入れ歯師と歯抜き師が、稼業として存在していた。明治維新政府は、名実ともに古代国家を再現させたから、当然、制度上も口中医を復活させたが、医術開業試験を口中医で受けるものはわずかであった。

ところが、横浜に上陸した米国の歯科医エリオット(Elliot)の弟子となった小幡英之助は、口中医を忌避して「歯科」で内務省の医術開業試験を受けた。小幡は慶応義塾の出身で、時の塾長の小幡篤次郎の甥に当たる者で、外科医を嘱望されていた。だから彼が当初、歯科を選ぶことには、篤次郎も福沢諭吉も猛反対した。口中医ならよいが、米国の「dentistry」などは一人前の身分の者の仕事ではないと思われたからである。

さてエリオットは、南北戦争当時は、軍医として内科と外科を担当したが、極東に渡るためにわざわざペンシルバニア大学に入って歯科学を修得したのであった。後に英国王立医科大学の歯科学の教授となった人である。

小幡はこのエリオットに弟子入りして、医師免許の合格者第四号として、歯科医術の免許を得た。わが国には、歯科の項目がなかったのだが、有力者の強力な推薦を受けて、口中医ではなく歯科で医師免許を取得した。東大の医科大学の学長他二名で日本最初の医術開業試験が行われたが、これは口中医ではなく、歯科で行われたものである。これにより、米国流の歯科医術が、わが国に民間主導で入ってきたのである。

歯科の米語「dentistry」は、先にも述べたが、「dentist」とは、歯科医術師、つまりわが国の入れ歯・歯抜き師から派生したものである。したがってその始まりを考えると、医学の体系とは無縁のものである。

医学の体系とは、ヒポクラテスの時代から、原因を見つけてこれを除き、治療や予防をはかるものである。ところが歯学では、原因を考えず、抜歯して義歯を作る。実地歯科臨床で多数経験される機能性の疾患は、実際には力学が原因で発症するものであるにもかかわらず、である。

片側嚙みや頰杖、睡眠姿勢(横向き、うつぶせ)は、頭の重さや筋力が歯に作用するため、歯列矯正で用いる一〇〜二〇倍の力を及ぼす。これによって歯は移動したり、揺れるようになるのである。

やがて顎の関節が痛んだり、顔や顎、歯並びが歪む。これらは生体力学を導入した口腔治療法で、きわめて容易に治すことも予防することもできるのであるが、歯学ではこの考えが馴染みにくいのである。

機能性の疾患という概念

島峯先生は、消化器内科を専攻した後に、解剖学の小金井良精教授のもとで系統発生学を学び、脊椎動物の命の源が口腔にあることを熟知していたため、欧州において口腔科と米国流の歯科医学をつぶさに比較研究され、わが国の伝統の口中医と欧州の口腔科の欠点、米国の歯科学の欠点を互いに補う、当時も今日も存在しない、世界に抜きん出た「口腔科医科大学構想」を実現すべく邁進されたのである。

前述のように、これが関東大震災と今次大戦中の島峯先生のご逝去により実現しなかったのである。

一般的には、病理組織学に基礎を置く「器質性疾患」に対し、機能が問題となる「機能性の疾患」というのがある。ところがこれは、神経内科など一部の領域で最近発達してきた概念である。いまでも骨格系臓器の歯・骨・関節・筋・腱・靭帯を扱う歯科や整形外科には、ほとんど「機能性の疾患」という概念がない。

関節の疾患や骨の変形、顔と顎の変形や歯列の不正・叢生・歯の挺出・移動・動揺、神経麻痺や過敏症などは、すべて機能性の疾患である。それなのに、これらの疾患の原因は、ほとんど不明として片づけられており、深く考慮されることがなかった。

これらの疾患は、単純な力学やエネルギーが原因で起こる。生体の骨格系に作用する外力やエネルギーは、習慣性の行動様式に由来するのがほとんどである。つまり体の使い方の偏りで生ずるエネルギーの分布の偏りで、骨格の変形が生ずるのである。

なぜ二〇世紀の医学や生物学で、これらの機能性の疾患の概念が育たず、原因が見落とされていたのであろうか。これはフィルヒョー(Virchow)創始した細胞病理学というドイツ医学の権威があまりにも高かったためであろう。

フィルヒョーは偉大なる医学者であり、政治家でもあった。彼の一言で営々と積み上げられてきたヘッケル(Haeckel)やルー(Roux)の進化に関する学問は、数億年前の夢物語として葬り去られてしまい、以後は、進化学に関する研究は、ほとんど実験研究が行われなくなり、進化論というイデオロギーとして化石化してしまった。

新しい口腔科臨床医学の創始

二〇世紀には、あまりにも方法論が先行しすぎ、肉眼的観察を軽視しすぎた。地球上にあまねく存在する重力一Gの作用を見落としてしまったのである。自身の頭蓋や胴体の重さを忘れて、習慣性の偏った睡眠姿勢を四〇年、五〇年と続ければ、下側にある部分がほとんど変形してしまうのは、あまりにも当然のことである。

このような単純な事実を、医者のみならず生体力学を扱う学者から一般人にいたるまでのほとんどの人が見落としてしまった時代が二〇世紀であった。

本書で詳しく述べてきたように、脊椎動物の進化は、まぎれもなく重力や水、空気など、生命体に作用する力学刺激や物質への対応で起こっていると考えられる。このことを、実験進化学的手法を用いることで、骨髄造血巣の誘導、人工歯根膜の誘導、ホヤの人為的幼形進化の誘導と幼形アホロートルの人為的成体変化の実験を通して検証してきたつもりである。

進化の原因が、物理・化学刺激を含めた広義の力学にあることから、現生の動物に人工歯根や人工骨を埋入して、進化の過程で作用したと考えられる生体力学刺激をこれらの人工物に与えると、進化で生じた高次機能細胞(セメント芽細胞や骨髄造血巣)を容易に作り出すことができるようになったからである。

一五〇年間行われていた米国型歯科学で代表される臓器別医学ではまったく解決できないのが、今日、世界中の人々の悩んでいる口腔のみならず全身性の機能性の疾患(免疫病)である。これらを治すことのできる治療法が、現在ほぼ完成しつつある。

進化論という悪夢からさめよう

ネオ・ダーウィニズムの思想は「適者生存」「自然淘汰」「生存競争」「突然変異」であり、この大本山がダーウィン進化論である。そしてこの理論は、おおいなる誤解であった。この思想は、生存できた動物を適者と誤解し、自然淘汰と称して、弱者を滅ぼす優生学を推奨し、勝ち組・負け組を生みだし、侵略をゆるす……つまり、ヒトの価値観や戦略が濃厚に入った観念論のイデオロギーがダーウィニズムであった。科学《サイエンス》の片鱗もない観念論つまり空論であった。

二一世紀には、この「進化論の悪夢」からわれわれが眼をさます時である。二〇世紀の悪夢を払拭して、新しい科学の世紀を迎えなければならない。

本研究は、文部省科学研究費の以下の助成による

1「人工骨髄の開発に関する研究」

平成3～5年度　試験研究(B)(1)03557107

2「骨の形態的機能適応現象のメカニズムの解明

――骨の生体力学とピエゾ電性の統合研究」

平成5年度　重点領域研究(1)05221102

3「コラーゲンを複合した天然型のヒドロキシアパタイト

焼結体の人工骨の開発」

平成6～8年度　基盤研究(B)(1)06558119

4「顎顔面形態の環境因子による変形の解析と矯正訓練

実施後の形態的変化の予測法の開発」

平成6～8年度　一般研究(B)06455008

5「骨の形態的機能適応現象のメカニズムの解明

――骨の生体力学と生体電流ならびに生理活性物質の関連性」

平成6年度　重点領域研究(1)06213102

6「人工骨髄の開発と実用化

――ハイブリッド型免疫器官・人工骨髄造血巣誘導系の実用開発」

平成7～9年度　基盤研究(A)(1)07309003

7「新しい進化学理論の実験による探索

――脊椎動物の力学対応進化学の実験系の確立」

平成8～9年度　重点領域(1)創発システム08233102

8「人工骨髄の開発・実用化と免疫学の新概念確立に関する研究」

平成9～12年度　基盤研究(A)(1)09309003

追《お》いつめられた進化論《しんかろん》
——実験進化学《じっけんしんかがく》の最前線《さいぜんせん》

発　行——— 平成13年3月5日　初版発行
平成24年9月10日　再版発行

著　者——— 西原克成《にしはらかつなり》〈検印省略〉

発行者——— 岸　重人
発行所——— 株式会社　日本教文社
〒107-8674 東京都港区赤坂9-6-44
電話 03(3401)9111(代表)
03(3401)9114(編集)
FAX 03(3401)9118(編集)
03(3401)9139(営業)
振替＝00140-4-55519

組　版——— レディバード
印　刷
製　本 ——— 東港出版印刷株式会社

ISBN978-4-531-06355-0　Printed in Japan
落丁本・乱丁本はお取り替え致します。
定価はカバーに表示してあります。